四季醃漬大賞

蘇鼎雅・吳宜桓　著

U0138597

CONTENT

序 | 美食達人－徐天麟 &
美食評論家－費奇共同推薦

　　真的非常高興！之前在電視節目錄影時，結識的蘇鼎雅老師又要出新書了，在「水果也能醬來吃」、「草本果醬」這兩本蘇老師之前的果醬書大受歡迎後，這次老師要介紹給大家的是有關醃漬的料理書。

　　醃漬菜色是我們老祖宗在沒有冰箱的時代為了保存食物，讓食物以天然方式更增添風味而留下來的技法，除了油醃、醬醃、醋醃、鹽醃、糖醃、米糠醃漬、酒醃、味噌醃漬之外，這次老師還特別分享了創意醃漬法(香草元素)與大陸醃漬(傳統式)等方式。我們平常在台菜、客家菜當中，常常會品嘗到醃漬料理，像是樹子蒸魚、鹹冬瓜蒸魚、醃酸筍；福菜湯、醃鹹豬肉。連日本料理當中，眾多的醃菜，都是我們生活周邊，大家耳熟能詳的。在本書中，不但可以了解到各種醃漬技法的基本原理，更可以接觸到我們日常活中所知道的各種醃漬方法，透過蘇老師的整理歸納，以及料理方式更清楚瞭解醃漬菜色的分門別類以及用法！

　　在現代的社會中，凡事講求速度，所以經常會爆出食物中被摻雜了過多的化學製品，甚至含毒材料！如果我們經由蘇老師這本醃漬的書，學到自己在家用一些隨手可得的材料與器具，來做醃菜以及醃菜料理，我想應該會讓自己跟家人都吃的安心又健康，在這個大家已經忘記了古早風味的年代，希望透過這本好書，能讓現代人也能在家輕鬆吃到自然的古早風味！

徐天麟

　　聽到蘇老師又有新作要出版，真是令人高興！這次有別前幾本的果醬書，是將其拿手的醃漬菜來跟大家分享，足以證明蘇老師對於「食」這塊的功力！在看了蘇老師的書後，我只有幾句話足以形容：一身好手藝　醬漬無人及　兩岸美名揚　傳承千萬里

費奇

序 | 為蘇女士四季醃漬大賞之著作而題

　　二〇一〇年夏月，我在江蘇無錫鬥山康諧園農莊，有幸認識了來自寶島臺灣的蘇鼎雅女士。她那慈祥的笑容與博大精深的文化修養給我留下了深深的印象！交談中，才知道她是一個熱心于美食保健的耕耘者與傳播者。

　　中華飲食文化是世界的指南，早在孔子時期就已達到"食不厭精，膾不厭細"的境界。《周禮●天宮●膳夫》記載了八種烹飪法，謂之"珍用八物"。素食早見於《詩經●魏風●伐檀》。《齊民要術》所載的菜肴烹任方法，有醬、醃、糟、醉、蒸、煮、煎、炸、炙、燴、溜等十一種之多，作法具體而細微；唐以後至於南宋，史載尤多。俱往矣…

　　藝術要有心靈的感受，烹飪要有益身之目的，一個合理的膳食就是一個民族的希望。寶島蘇女士見多識廣，業精於勤，開拓了新的境界。

　　此著中，她用大自然賦予人類的植物原料，付之於滾燙的心、熱情的手、執著的情，將兩岸傳統烹製方法與現代創新融為一體，進一步體現了"本是同根生"的血脈情源。

　　讓人類味蕾神經感受"五味調合"，領悟自然的美好、人生的美妙，這就叫做"有滋有味"！這就是魂，這就是生活！

大陸 馬杰

2011年10月4日

馬杰先生

經歷：中國首批中式高級烹調師

四川省大傑飲食營養文化研究所所長

四川省高等烹飪專科學校名譽教授

中國烹飪協會會員

四川省營養學會會員

中國園藝學會魔芋協會食品烹飪顧問

四川省高級職能鑒定考評員

四川綿陽市科技評審委員會委員

在1999年到2009年間有三本專著：《 蕨八珍》，《素茹百味》，和《中國魔芋菜譜》。

這其中《 蕨八珍》在1999年獲綿陽市政府科技進步一等獎，2000年獲四川省政府科技進步三等獎，四川省科技情報研究中心查新報告該書填補了中國同類著作空白。

序 | 營養師－曾文群

自古以來，醃漬是為了延長食物的保存期限。典型的醃漬食物如泡菜、醃菜……等，除了蔬菜本身含有豐富的維生素、礦物質外，醃製過程中也會產生豐富的乳酸菌及酵素等多種營養素，不但可增進食慾，還可以促進腸道好菌的滋生，增強抵抗力。雖然現在物產豐富，但是為了保存、不浪費食物，醃漬食物也成為現在家家戶戶喜歡的料理，例如現在很夯的醃檸檬片，家庭主婦們喜歡自己動手做，也樂於跟左鄰右舍一起討論、分享、品嚐，像是添加梅粉的比例，檸檬的品種等等，在生活中多了一份趣味，甚至可以幫助農民推廣農產品。

傳統醃漬的方式鹽份使用較多，含納量高，對身體健康有所疑慮。而本書所介紹的各種醃漬方法，不僅讓醃漬添加了多樣化，更減少身體的負擔。除了醃漬本身油脂使用量少之外，作者也減少鹽分的使用，讓我們不僅享受了各式美味的醃漬食品，也為大家的健康把關，這正好符合現今社會大眾飲食上的營養概念。

曾文群

學歷：中山醫學大學營養學士
96年高考營養師
現職：
維儂企業有限公司營養師
經歷：
庚新診所營養師
大村衛生所營養師
竹塘衛生所營養師
溪州衛生所營養師
弘道基金會營養師
台中市營養師公會第七屆理事

作者序｜蘇鼎雅

　　生命是喜悦的，在你決定來到這個世界上的時候，它已經是與你同時和諧共存了。因此，我在不斷的體驗學習、學習體驗和教學相長，並將視野從台灣拉到中國大陸作生命之旅的探索……愕然發現！原來，生命的振動，它是如此的精彩、多元、豐富；不僅在料理上取材的變化，各地民情的不同，用法的差異性，其追根究底；民以食為天，包括動物都一樣，每天都在想：如何吃得飽？有智慧和尊敬的人類們，則日以繼夜的研究一道道美食和科學食品，創造經濟奇蹟！這就是我們精彩的故事！

　　相對的，你、我都一樣，我們一直都在寫自己人生的故事，所以，我願意用我的生命，用我的筆桿，不僅踏遍台灣每一吋土地、世界各地每一方圓，將我所學，抱持感恩的心與您分享！希望僅以微薄心得，對您有所助益，並敬祝各位讀者好運，日安！

蘇鼎雅 敬筆

作者序｜吳宜桓

　　認識醃漬食物，應該是從一碗火雞肉飯上那片黃色蘿蔔開始的。不論是火雞肉飯、韓式泡菜或是日式醬菜，看似簡單的醃漬食物，幾乎默默陪伴在我們每頓飯菜中，不起眼，卻著實讓食物豐富了口感，也巧妙化解了食物所帶來的油膩。

　　對於七年級的我來説，總是把醃漬跟古早劃上等號，甚至討厭過它，因為覺得那是老年人才會喜歡的食物。但隨著現在創意料理的盛起，醃漬食物跳脱了以前只是配菜的身分，也不再是單調的口味。加入了水果、香料甚至些許中藥材的元素，讓我們在品嚐醃漬食物時味蕾上更多層次了，也襯托了整道料理的質感。

　　的確，醃漬食物的作法對每個人來説可能再簡單不過，但將「醃漬」分為九大種類，正是重新認識醃漬食物的時刻，顛覆以前你對於醃漬的認知；也正是我不斷發掘新奇料理、挑戰口味改變的動力！最後敬祝各位讀者健康、順心！

吳宜桓 敬筆

一.何謂醃漬？

醃漬，是利用各種蔬菜、水果、肉品、海鮮等添加了鹽、糖、酒、醋或是各種香料、調味料等延長食材的壽命；經過時間的等待，靜置後增加風味，這就叫做醃漬。醃菜，是從古早就傳承下來的智慧，前人因為務農時期生活貧困，多半將賣不完的農作物加入大量的鹽醃漬保存，在沒有產農作物的冬季將它拿出來餬口，得以勉強過日子，這就是醃菜的開始，醃菜它具有的意義，是象徵濃濃的故鄉情和傳統文化的延續，這是現代年輕人無法理解的。

醃漬菜，一定要符合四種工序所生產的產品，才能叫做醃菜。有哪四種呢？就是乾、泡、醬、醃。

乾→是指陽光曝曬法或特種機器為主的乾性醬菜。如：蘿蔔乾、筍乾等。

泡→利用大量的水，混合調味料醃泡蔬菜水果，使產生酸、鹹或甜等味道速成的醬菜。如：泡菜等。

醬→蔬菜經過曝曬或醃製等程序後，再以豆醬、豆豉、醬油、酒等料浸泡，使味道更濃。如：蔭瓜、豆腐乳等。

醃→用鹽或其他的調味料揉或壓，使蔬菜脫去水分，產生酸味或鹹味。如芥菜做的酸菜、福菜、梅乾菜就是代表菜色。

二.如何善用四季農作物做好醃漬物？

所謂一回生兩回熟，沒有任何人是天生會做菜的，除非每個人都是天才！了解一年四季的輪替所生產的蔬菜，再將大量生產並過盛的蔬果拿來做醃漬或泡、醬菜，其成本取得比較低廉，食材也比較好吃，這才是重點。進而將自己訓練到信手拈來，隨手可做，到處是食材，毋需被侷限和障礙！對大地和自然充滿無限的喜悅，那麼所有的食材搭配方法就會活潑被創造，這才是身為廚藝者最高境界。

因此，不受限任何食材，隨著四季的交替，不同的農作物，你能輕鬆的運用自如，才是我要強調的！

三.現代醃漬手法，
　創意醃漬

現代醃漬，又叫做健康醃漬。雖因循傳統的醃漬手法，但大量減去過多的鹽、糖，增加了迷人的香料、香草和調味料，甚至添加了加速發酵的酵母菌，使食材達到想要的結果，這種改良式的醃漬手法逐漸流行並大受歡迎，它除了注意健康、養生並融合了文化背景及各式豐富的口味，使單調鹹酸的醃漬菜變得精彩又多變化，並富有趣味，以健康的角度值得大家一起來探索和學習。

四.兩岸醃漬比一比

台灣料理舉世聞名已是眾人皆知，醃漬菜更是不遑多讓！製作手法已經跳脫傳統，不再是一味地死鹹或暗沉的色澤，而是令人喜悅的口感和難忘的味道。在整個醃漬的過程注重衛生和發酵的進度，使達到健康的標準。這是現代人注重的養生飲食！

反觀地大物博的中國大陸，雖然健康飲食概念風氣未開，農戶們、媽媽們所製作的醃漬菜由於地方太大，因此種類也是相當精彩。只是在口感上、賣相上都稍微不足，但保存期限卻很長，因為放了很多的鹽。鹽放多了是大陸普遍上的問題，如何克服這個問題？實在是一個難解的課題。因為地方太大，只能從教育、媒體上口耳相傳，不斷的宣導；為了擁有一個健康的腎臟，應少量食鹽！因此，兩岸習慣上的差異，造就飲食上的不同。製作的原始食物也不同。什麼時候能改變？也許當窮人都變有錢了，自然就愛惜生命了，不是嗎？這是值得省思的。

五.醃漬的方法

· **油醃**→利用不飽和脂肪酸的高檔油脂,將食材添加香料或辛香料存放一段時間即可食用。其優點:可讓所有食材變得柔軟好吃。缺點:注意油耗味產生。因此高檔油的選擇是唯一首選,如橄欖油、葡萄籽油、棕櫚油等。

· **醋醃**→醋液裡含有大量的醋酸菌以及人體所必需的胺基酸、五大營養素。利用醋酸菌和各類食材的融合繼續產生發酵,達到食材保存的目的,製成的酸性醃漬物。醋在市面上可分天然釀造醋、調合醋、酒精醋和化學醋等種類,建議各位讀者慎選醋的種類,將決定醋醃漬物的品質和漬物的營養成分。對於追求健康養生的人不能不注意。

· **醬醃**→醬油可分古早釀造法和調合式醬油兩種。醬油和酒、醋一樣都是屬於發酵製造,其原料素材是黃豆、黑豆等,經過180天的曝曬和發酵過程保留濃郁的豆香和大豆蛋白養的營養成分。因此利用醬油原有的甘醇和營養成分,添加香料和糖及各種食材做靜置發酵,是屬於後現代比較創新的醃漬手法,也是蘇老師獨門所創。醬油醃漬的食材以水果為佳,若和蔬菜融合醃漬須注意過鹹,食用起來會有不舒服的感覺。若以水果為食材,添加各式香料和糖,那麼將完成的作品添加其他調味料即可變化成美味醬汁。運用在燉物的調味料上,其風味變化將與眾不同!

· **鹽醃**→利用大量的鹽對蔬菜、水果、肉品、海鮮等做滲透、脫水的處理,使食材融入大量的鹽分,作為防腐之用。加上空氣中的醋酸菌使其發酵變成食品粗加工,比如市面上所見到的客式醃菜、廣式醃水果、臘肉、鹹魚等。也是中國古老的食養傳統文化之一,更是醃漬的開始。

· **糖醃**→更勝於鹽醃,人們為了不同的口感開始了多變化的醃漬手法,加上鹽漬後食材不是每個人可以接受的,所以糖醃的興起變成是人們的第二個選擇。糖醃是以大量的糖對食材做滲透壓的原理,將食材的營養成分釋放出來融入糖液中。此法缺點:在於糖分過多會掩蓋食材的營養成分,加上大量的糖一起食用容易造成心血管、糖尿病等問題。糖醃的主要食材是水果。

· **味噌醃**→味噌也是中國古老的醃漬之一,利用大豆、黃豆、黑豆發酵而成為成品,再由成品添加各類酒、糖、味醂、芥茉、薑、醬油、辣粉等調味料混合各式蔬菜和海鮮、貝類、肉品等,其風味清爽可口。後來由日本發揚光大,目前味噌製品以日本製品質最好與多變。

· **米糠醃**→利用稻米的粗穀混合了水和調味料做各式蔬果和肉品的醃漬,與味噌醃漬雷同相似。在烹調時若多了一道手續:煙燻,則可以吃到濃濃的家鄉味。

- 酒醃→是眾所皆知最普遍、簡單的方法，利用酒精成分將各類食材做防腐和萃取食材的精華。用於中醫醫理是最常見的，如：中藥酒。後來由於醃漬手法多變，將酒適當添加各類美味的調味料，如米脯、香料、糖、鹽或香草類，目前更以水果酸甜口味加入內容，使一瓶現代又具新潮養生的酒醃漬物成為後起之秀，現在正被學習和品嚐，更研發出各式不同的養生酒漬物。

- 現代創意醃漬法(香草元素)→為時下非常流行的一種醃漬手法。其原始流行來自歐洲鄉村國家，他們酷愛利用香草植物醃漬各種肉品，如：雞、鴨、牛、豬、魚、蝦等，近日加入更多元素，如：水果、香料和辛香料，使整個醃漬物達到超乎想象的完美口感！
台灣近來亦開始仿效歐洲，醃漬物的添加，以台灣栽種的品種方便購買為主，如：蔥、蒜、薑等，強烈的對比味加上辛香料和香草料使衝突的味蕾達到了口感的享受！因此，流行性的東西是需要經過印證和認同的。

- 大陸醃漬→大陸醃漬菜的作品，比較之下像是50年前的台灣，阿嬤時代的作品，深色的醬料、重鹹的味道，或是超辣的口感。一道醃漬菜它擁有五千年的文化歷史，如何賦予它更新的生命，披上新衣，再生變化成舞蝶，事實上，很容易！因為食材豐富的大陸，只要融合不同的香料食材，即可變化各式的醃漬菜，拭目以待！

六.醃漬工具＆調味料介紹＆掌握醃菜幾個重點知識

工欲善其事、必先利其器。製作醃漬菜必須要有罐子、量杯、量匙、重物，由於食材經發酵會改變食物原有的風貌，因此不耐酸的容器應要避免，以陶缸、木桶或玻璃瓶為佳。

- 玻璃瓶→最大優點是外觀透明，可觀察食材發酵的情形且耐酸度高、完全阻隔空氣。

- 陶缸→它不易受外界溫度影響也不易漏水，也具有恆溫的效果，使用時蓋子必須密封好以免空氣進入。適用於醋醃、醬醃漬物。

- 木桶→早期製作醃漬菜，都是以木桶來醃漬，但木材容易吸收空氣的水氣，造成醃漬菜發霉，長期使用也會產生縫隙，造成漏水，現在使用木桶製作醃漬菜已不多見。

- 重物→最普遍的重物是石頭，亦可直接以塑膠袋裝水，或是以幾個盤子相疊壓在蔬菜上。醃漬食材時須使用重物壓，以便食材浸入醃汁中，助於食材的醃漬及持續發酵。

- 量杯、量匙→透明、刻度清楚的量杯為首要，量匙用於測量少量的粉類或液體材料，一組標準量匙有1大匙、1小匙、1/2小匙及1/4小匙四種規格，使用時以「平匙」為基準，材質以不銹鋼量匙為佳，耐熱又耐酸。

醃漬物容器的使用，今非昔比！

◎古早醃漬物容器介紹：

中華民族5000年的歷史文化，從石器時代到清朝，直至民國時代，中華民族一向以農立國，貯存食物的器皿，被發現最多使用的都以陶製品、甕製品和缸製品，加上大石頭、竹簍、網子。直到民國時代，批發市場、市集買賣，商人為了大量貯存運送醃漬物，出現了大型木桶和塑料，都是為了運輸方便起見！為什麼古代的人會用陶製品、甕製品和缸製品來醃漬食物呢？因為，陶、甕、缸的材質是由泥土經過手拉窯燒製成，每個製品都有毛細孔，很適合存放食物並幫助食物發酵；透過鹽度結合空氣中的氧和醋酸菌、酵母菌、乳酸菌，使食物發酵成為另一種結果。此空氣會由陶、甕、缸的毛細孔，慢慢的滲透進入。過去的人為了保存時效和控制溫度，很多人會將陶缸埋在地底，年限一到，才取出來開封。此時，醃漬物多了兩種成分：微量元素和礦物質。

◎市場批發貯存容器介紹：

批發市場對於醃漬物的運輸和貯存日期，利用木桶來存放。比如放置鹹菜、酸菜和榨菜、豇豆、雪菜、福菜、條瓜、蔭瓜、甘樹子、鹹蛋等。但木桶容易龜裂且相當厚重，所以現在改以使用塑膠桶，也是流行趨勢。如果讀者稍加留意，可以發現大賣場裡賣的醃漬物，有的還使用著中小型的木桶，尤其是大陸的賣場；但台灣則全面改以玻璃缸。

◎現代醃漬物容器介紹：

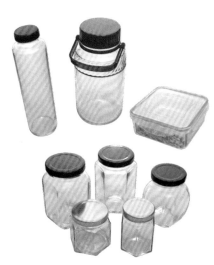

現代人由於人口簡單，住的是公寓大樓，所以在選擇醃漬物的容器上已經慢慢的簡化輕巧，做的量也減少，多以市面上購買為主。選擇各類的醃、醬、泡等容器，大部分以玻璃瓶來製作，少數則用保鮮盒來裝置醬泡菜，因為它是屬於短時間發酵法，賞味期也很短。當然，大顆石頭、曬乾食材的竹簍、網子等，也都是必備的配件材料。玻璃製品有分寬口和窄口，不同的目的使用不同的形狀。不過在這建議讀者，除非取出食材，否則都以寬口的玻璃製品比較好用。玻璃製品透明好看，可以清楚看見自己的作品，隨時觀察其變化！唯一缺點是玻璃因為質材的關係，封蓋後空氣中的氧比較少。有利有弊，端看讀者如何選擇了。

◎基本調味料介紹

· **鹽**→不論粗鹽或細鹽，醃漬菜加入鹽具有防腐作用，蔬菜類用鹽水醃漬，鹽分滲透到蔬菜中的同時產生脫水作用，排出蔬菜中含有的水分，讓食物有效地變軟且達到殺菌的作用，讓醃漬菜得以保存。

· **糖**→糖能提昇醃漬菜醬汁中的滋味，並豐富色澤。一般都用白砂糖來醃漬食材。

· **辣椒**→用辣椒來搭配肉品、海鮮、貝類等食材作醃漬，可去腥並增加風味。

· **大蒜**→大蒜的香氣可增加食材的美味可口性。大蒜中含的蒜辣素，有殺菌作用亦可預防疾病。建議：可使用冰糖。

· **薑**→薑具有獨特的辣味及清香，因此製作醃漬菜使用薑可幫助提味、提香；選購時儘量以含水量較多、體積較大、外皮薄的為佳。

· **香草調味料介紹（乾品）**：薄荷，迷迭香，馬鞭草，檸檬葉，奧勒岡，檸檬，玫瑰，薰衣草，鼠尾草，咖啡豆，甜肉桂粉。薄荷、迷迭香、檸檬葉、馬鞭草、甜肉桂粉、奧勒岡、香水檸檬粉

薄荷

迷迭香

檸檬葉

甜肉桂粉

奧勒岡

香水檸檬粉

馬鞭草

・台灣本土香草調味料介紹(乾品)：刺蔥葉，肉桂葉，香椿葉，馬告葉，山胡椒，九層塔葉、刺蔥粉、香椿葉、香椿粉、馬告粉、馬告粒、九層塔粉

刺蔥粉　　香椿葉　　香椿粉

馬告粒　　馬告粉　　九層塔粉

・辛香料調味料介紹(乾品)：白胡椒粉，黑胡椒粉，花椒粒，玉桂片，八角，黑胡椒粒

※製作醃漬物前，乾品先用熱鍋乾炒，逼出香味，再加入醃漬物來提升風味。

◎掌握醃菜幾個重點知識

一、環境：無論食品加工或手作DIY，自家環境、衛生或工廠周圍，食品的製造環境和流程，「衛生」絕對是最主要的因素。

二、容器、工具：食材巧妙應用，製作的人只是穿針引線，將它組裝起來，完成作品罷了。因此必須瞭解而你的工序流程所產生的變化。你為什麼要吃醃菜?泡菜?醬菜?它有什麼好處?

由於腸胃蠕動需要乳酸菌、酵母菌來幫助代謝，而醃漬菜裡因為有大量的鹽，所以發酵期間會產生乳酸菌、酵母菌及醋酸菌，其他的腐敗菌都會被抑制活動。因此很適合人體腸胃吸收，適當的食用，有助於腸胃蠕動和排便順暢。

三、**靜置**：所謂的醃漬就是要經過一段時間的等待，讓微生物和食材產生共鳴及變化，才能發生不一樣的結果，改變原來的風貌。

四、**生命、能量和愛**：食材也是有生命和能量的，當你用滿滿的愛心賦予更多對大自然的瞭解和喜愛，你自然能夠體悟到每一棵植物、每一株農作物生長過程中所具備的能量，和它的生命本源。「醃漬」，事實上，你是為它的生命再創，延伸生命的本源使拓展無限……。所以，對於很多的食品發明家，我們不由得要讚嘆他們！

七.食物乾燥法，天然味精教你做

材料：
香菇50g，杏鮑菇50g，金針菇100g，牛蒡50g，
紅蘿蔔50g，高麗菜50g，大白菜50g，玉米粒80g

中藥材：
甘草1片，洋蔘2-3片

作法：
將材料曬乾或機械烘乾後，與中藥材一起入果汁機打碎，
即成天然味精。炒菜、煮湯都可添加。

營養師的話：
每100g約含熱量25大卡。

CHAPTER 1
油醃

材料：

青辣椒600g，芥花油(炸青辣椒用的)，1公升寬口玻璃瓶

調味料：

香油250g，淡色醬油300g，米酒1/2杯

做法：

1. 辣椒洗淨後擦乾，再去蒂頭。
2. 用刀子將辣椒中心點剖開一半，去籽。
3. 青辣椒放入炸油中(溫油)，炸至外皮起泡即撈起，放涼後剝去外皮。
4. 剝好皮之青辣椒放入容器裡，倒入調味料後，封蓋，寫上日期，醃2個月即可食用。

• •

吳老師的叮嚀：

1. 剝皮辣椒需慎選辣椒品種，挑肉質厚實肥美的，醃漬後的口感更柔軟好吃。
2. 醬油選擇需要淡色為主，否則2個月醃漬期一到，成品會相當鹹。

剝皮辣椒 × 油醃

營養師的話：

1. 食用前將多餘油脂去掉後，每100g約含熱量140大卡。

2. 每天少量的吃辣不會對身體有壞處的，反而每日少量可以促進身體新陳代謝喔！

油醃紅姑娘（紅辣椒）✕ 油醃

材料：

新鮮紅辣椒600g，1公升寬口玻璃瓶

調味料：

鹽75g，白糖37.5g，米酒2大匙，橄欖油300g，茶油100g，麻油50g，辣油50g，花椒粒1匙

做法：

1. 紅辣椒去蒂，洗淨後放入滾水中汆燙約3-4分鐘，撈出瀝乾放涼。
2. 花椒粒用乾鍋爆香備用。
3. 取乾淨盆子，將紅辣椒和鹽、糖一起拌醃一天後，放入容器內，再倒入其餘調味料即完成。
4. 可放置冰箱，二天後可食用。

• •

蘇老師的叮嚀：

1. 此道油醃作品都用來做醬料半成品，所以它的醃漬材料一般都會使用比較單純的口味，例如只放酒或一種油使軟化即成。在此老師強調，既然是自製DIY醃漬菜，講究的是豐富多變化的口感，所以使用高檔油品就成了油醃不可或缺的主軸，不能不注意。

營養師的話：

1. 食用前將多餘油脂去掉後，每100g約含熱量140大卡。
2. 辣椒中含辣椒素，能加速脂肪組織的新陳代謝，且能促進腸胃蠕動，所以可有效的開胃、幫助消化。

油醃綠翡翠（青辣椒）× 油醃

材料：

翡翠辣椒600g，橄欖油600g，1公升寬口玻璃瓶

調味料：

醬油1/2杯，米酒4大匙，茶油150g

做法：

1. 翡翠辣椒洗淨，切除蒂頭，擦乾水分。
2. 乾鍋裡加入橄欖油，燒至約7分熱時，放入翡翠辣椒炸至表皮微皺即可熄火，撈出放涼。
3. 放涼的炸油和翡翠辣椒置入容器中，加入調味料，浸泡3天即可食用。

• •

蘇老師的叮嚀：

1. 此道油醃菜亦採單一口味，只是在油品的選擇，老師多加入台灣本土高檔茶油，使之風味更香濃！若想吃到其他辛香料的複方口感，可適量加入花椒粒、黑胡椒粒或八角等，都是不錯的選擇。
2. 購買翡翠辣椒宜選短胖型的，比較厚實有肉，沒有的話再退而求其次選擇瘦長型的翡翠辣椒。

營養師的話：

1. 食用前將多餘油脂去掉後，每100g約含熱量140大卡。
2. 一根辣椒中含有β胡蘿蔔素一日所需量，為強力的抗氧化劑，可對付低密度膽固醇被氧化的型態，並維護心血管的健康。

百變油醃西蘭花 × 油醃

材料：

青花菜(西蘭花)600g，花椒10g，小紅辣椒75g，薑末100g，
1公升寬口玻璃瓶

調味料：

鹽75g，糖100g，芥花油500g，麻油100g，橄欖油300g，茶
油100g

做法：

1. 將小紅辣椒洗淨去蒂，切成片狀，薑切末，花椒用乾鍋爆香後
   備用。
2. 青花菜洗淨後，切小朵，放入滾水中氽燙後撈出，再放入冷水
   中浸泡。
3. 先加入一半的鹽醃20分鐘，再以水沖去鹽分。
4. 洗淨後，再用另一半的鹽和糖略醃，取出備用。
5. 鍋中放入芥花油、麻油，將小紅辣椒和薑末、花椒放入，慢炸
   約20分鐘，有焦香味後（但不能有黑焦味），取出冷卻，與
   青花菜放在容器中。
6. 待做法5的油溫完全冷卻後，與橄欖油、茶油攪拌，再倒回容
   器裡，密封。
7. 醃漬好二天即可食用。

••

蘇老師的叮嚀：

1. 油醃的技巧，主要在於質地較硬的蔬菜，透過燃點低、不飽和
   的脂肪酸、優質的油品，可以減少食材本身的辛辣刺鼻味，使
   食物更具風味，顏色也更鮮明！
2. 在中國大陸，青花菜叫做西蘭花，為了增加食材的豐富性和可
   看性，可加入白花椰和紅、黃椒，做法相同。

營養師的話：

1. 食用前將多餘油脂去掉後，每100g約含熱量160大卡。
2. 青花菜富含維他命A、B、B2、C、β胡蘿蔔素，礦物質鈣、磷、鐵等，此外，含抗癌物質Sulforaphane的植物化合物、引朵（Indoles）等，被譽為能幫助抗癌的蔬菜！

23

香草油醃百老匯 × 油醃

營養師的話：

1. 食用前將多餘油脂去掉後，每100g約含熱量150大卡。

2. 牛蒡富含豐富寡糖及膳食纖維，可健胃整腸、消除脹氣、改善便秘，避免宿便導致毒素吸收。

材料：

牛蒡一小節100g，青花椰350g，白花椰200g，紅、黃甜椒各150g，薑末2大匙，1公升寬口玻璃瓶

調味料：

鹽90g，糖120g，黑胡椒粒1匙，新鮮迷迭香2大匙，芥花油600g，麻油200g，橄欖油400g，茶油200g

做法：

1. 牛蒡洗淨切片後泡水，以防氧化。

2. 青、白花椰洗淨切小朵，紅、黃甜椒洗淨去籽，切菱形備用。

3. 黑胡椒粒、新鮮迷迭香放入乾鍋炒香，備用。

4. 滾水中放入牛蒡汆燙約5分鐘，即撈起泡冷鹽水(冷水中先放入45g的鹽)。

5. 青、白花椰汆燙約5分鐘，最後放入冷鹽水中浸泡20分鐘。

6. 將牛蒡、青、白花椰與另一半的鹽、糖略醃，取出備用。

7. 熱鍋中放入芥花油、麻油，入薑末爆香，續放紅、黃甜椒，約2-3分鐘撈起冷卻，放在容器裡。

8. 待油溫完全冷卻，加入橄欖油、茶油調合，與炒香的做法2放入容器裡封蓋，2天後可品嚐，賞味期是2個月，需放冰箱冷藏。

• •

蘇老師的叮嚀：

1. 此道醃漬品是融合多種食材所做的變化，給讀者一個創造的空間和延伸，你可以無限的擴展。依照老師的教導，找尋比較硬質的食材開始操作，透過汆燙、鹽巴的軟化、去苦殺菌脫水法的流程，再加入高檔的油品，任何你喜歡的香料，靜置等待完成就可以!記住，過程不要有生菌數就好了。

香草油醋醬拌涼麵

油醃變化料理

×

(油醃)

材料：

涼麵1小碗，小黃瓜絲30g，紅蘿蔔絲30g，蛋絲50g，香菇絲50g，甜玉米粒2大匙，紫高麗菜絲20g

調味料：

百變油醃西蘭花醬2大匙，剝皮辣椒油醬1大匙，水果醋1大匙(木瓜醋)，苦茶油2大匙，沙茶1大匙，豆瓣醬1小匙

做法：

1. 小黃瓜、紅蘿蔔、紫高麗菜洗淨後切絲，浸泡在開水裡後冷藏3小時。
2. 雞蛋打散，煎薄片後切絲，香菇略炒後切絲，甜玉米粒用熱水汆燙。
3. 食材備齊後，調味料調勻後淋於涼麵上即可食用。

• •

蘇老師的叮嚀：

1. 黃瓜絲、紅蘿蔔絲、紫高麗菜絲浸泡在開水裡後冷藏達3小時，會有爽脆的口感。
2. 為了家庭健康，可以自製開水冰塊，直接用來冰鎮蔬菜，在炎炎夏日可說是經濟又實惠的選擇。

營養師的話：

1. 此道料理每100g含熱量約410大卡。
2. 胡蘿蔔中含有非常豐富的β胡蘿蔔素，它是保護視力、預防夜盲症、乾眼症的維生素A的前驅物，也就是當人體需要時，β胡蘿蔔素就會自動轉變成維生素A來保護眼睛。

27

香草油漬沙拉飯

油醃變化料理

×

（油醃）

營養師的話：

1. 此道料理每100g含熱量約350大卡。

2. 魔芋別名：鬼芋、蒟蒻。可做成蒟蒻富含食物纖維、胺基酸等，可清潔腸胃、幫助消化。

材料：

白飯或糙米飯1碗

綜合食材：

魔芋豆，魔芋蝦，芋頭丁，香菇丁，毛豆，紅甜椒丁，甜玉米筍皆1大匙

調味料：

香草油醃百老匯醬2大匙，香菇素蠔油1小匙，苦茶油1.5大匙

做法：備好綜合食材，介紹二種方式

1. 汆燙→沒有油煙的汆燙法，利用調味料拌勻食材，和飯一起吃，是健康的取向。

2. 油炒→將食材炒過，口感比較好吃；但相對多了油、加上調味料變成雙倍的油醃醬料，健康的考量上老師比較不建議。

CHAPTER 2

 醬醃

水果醬油 × 醬醃

營養師的話：

1. 此道醃漬每100g約含熱量70大卡。
2. 金桔富含維生素 B、C、鈣、磷、鐵，且能防治感冒，若寒冷吃些金桔，對防治感冒有良好的作用。

材料：
金桔110g(或其他水果)，甘草2片，600cc乾淨玻璃罐1個

調味料：
薄鹽醬油約450cc，冰糖25g

做法：
1. 金桔洗淨、晾乾後去蒂，與甘草、冰糖放入玻璃罐裡，倒入薄鹽醬油後即可封蓋。
2. 靜置二個月，可用於調味、沾醬使用。

吳老師的叮嚀：
1. 喜歡辣味者，可加入一小條辣椒。
2. 水果醬油適合燉肉，濃郁的果香味，可以增加肉品的風味。
3. 用於沾醬時，可加入金桔醬和辣椒醬相互拌勻，適合沾食白斬肉和白斬雞等。

香菇昆布醬油 × 醬醃

材料：

烘焙過的香菇15-20g，乾燥的昆布4-6片，乾辣椒5g，600cc
乾淨玻璃瓶1個

調味料：

薄鹽醬油約450-500cc，冰糖38g

做法：

1. 市售乾香菇或新鮮的香菇曬乾後，再烘烤過都可以。剪成細條狀。
2. 長條的昆布剪約2公分一節6片；加上乾辣椒和薄鹽醬油放入玻璃容器裡封蓋存放，45天後即可食用。

● ●

蘇老師的叮嚀：

1. 為萃取更多香菇的多醣體，所以將乾香菇剪細條狀或小丁狀，多醣體的分解會比較快。
2. 香菇醬油適用沾醬和燉豬肉、排骨、炒菜都相當適合。

營養師的話：

1. 此道醃漬每100g約含熱量25大卡。
2. 昆布富含胡蘿蔔素、維他命b1、菸鹼酸、鐵、蛋白質等，營養價值高，且碘含量極高，自古為防治甲狀腺腫良藥。

梅子醬油 ╳

材料：

梅子300g，鮮辣椒1-2條，600cc乾淨玻璃瓶1個

調味料：

薄鹽醬油約300cc，冰糖38g

做法：

1. 梅子先加點鹽搓一搓約30分鐘後，洗淨泡水約1小時。
2. 再以漂水方式漂1小時撈起，放到竹簍盤上陰乾後即可製作。
3. 將陰乾的梅子都敲裂，放到玻璃容器，注入薄鹽醬油，糖和鮮辣椒即可封蓋存放，約二個月醃漬期。

• •

蘇老師的叮嚀：

1. 梅子因有苦澀味，所以要除去苦澀味，搓鹽、泡水、漂水是必要的動作。
2. 梅子分為青梅與黃梅。青梅採收期一般於三月下旬一個月的期間，以清明節為區隔；而黃梅就是梅子成熟變黃的時期，較有濃郁的梅子香氣。青梅製成的醬油比較清香，而黃梅的香味比較濃郁，雖然都是梅子，但「時節不一樣」，製作出來的結果也不一樣。
3. 梅子醬油適用沾醬、炒菜、滷肉等料理。

營養師的話：

1. 此道醃漬每100g約含熱量25大卡。
2. 梅子裡含有許多礦物質，尤其是鈣、鐵，梅子也含豐富的有機酸，而有機酸和鈣結合之後，更有利於人體吸收，也可幫助消除疲勞、增進食慾、促進消化。

醬黃瓜 ✕

醬醃

材料：

小黃瓜3000g，初期使用炒鍋和竹簍，成品使用500g寬口玻璃瓶分裝

調味料：

清醬油1碗，米酒1碗，砂糖(冰糖亦可)1碗，白醋1碗（吃飯的碗）

做法：

1. 小黃瓜洗淨後，切0.3cm的圓片備用。(長條狀亦可)

2. 炒鍋內放糖、酒將其煮溶，倒入醬油一起攪拌後，熄火，再將醋倒入。

3. 完成調味汁液後開大火，將小黃瓜倒進調味汁裡，快速的用木杓攪拌四分鐘，熄火後迅速將小黃瓜置於竹簍上，調味汁用電風扇吹冷。

4. 待小黃瓜冷卻後，倒入調味汁入炒鍋內，開大火煮沸，用木杓快速攪拌四分鐘(相同動作再重複1次)。

5. 小黃瓜再次冷卻後，把小黃瓜分裝進玻璃瓶裡，倒入調味汁，封蓋放冰箱冷藏，隨時可食用。

• •

蘇老師的叮嚀：

1. 因為沒有添加防腐劑，賞味期15天。

2. 此道醃漬法也可將小黃瓜換成破布子、菜心、大頭菜、蘿蔔醬等，都非常適用。

甘樹子（破布子）× 醬醃

材料：

樹子600g，甘草4-5大片，1公升寬口玻璃瓶

調味料：

蔭油280cc(勿用醬油)，原色冰糖4大匙

做法：

1. 甘草片和蔭油、原色冰糖一起煮溶後，放涼。
2. 樹子洗淨，放入鍋中，加水淹過樹子，大火煮滾後轉小火，約煮3小時，再撈出放涼。
3. 放涼的樹子與煮溶的調味料一起裝進容器內，封蓋10天後即可食用。

蘇老師的叮嚀：

1. 大火煮樹子，水需淹過是為了去除樹子的澀味，因為它有很強的黏液，會從植物本身自發性的吐出，需要文火慢慢熬煮3小時，使它的澀味趨於緩和。
2. 樹子經過醬料醃漬後，其味道甘醇濃郁，令人回味無窮。由於是野生植物，無污染、天然健康，被一般大眾喜愛。盛產期是每年的6-8月，採收期為二星期，大量被收購為食品加工製品。
3. 生的樹子可於傳統或批發市場購得。

營養師的話：

1. 此道醃漬每100g約含熱量50大卡。
2. 「本草綱目」藥典記載，破布子具有治療子宮炎、久年傷及胃出血的功效，民間也流傳破布子可開脾、健胃、消脹、整腸及解毒的功效，是一種高纖維的植物食品。

甘樹子蒸魚 × 醬醃

醬醃變化料理

醬醃

營養師的話：

1. 此道料理每100g約含熱量170大卡。

2. 金針菇含有豐富的菸鹼素，而菸鹼素是維他命B群的主要來源，能幫助腸子分解碳水化合物，多多食用，可以使皮膚健康光滑，對神經系統也有幫助，穩定情緒。

材料：

素魚1條，金針菇30g，香菜2株，紅辣椒1條，碧玉筍絲50g，香菇絲30g，紅蘿蔔絲20g

調味料：

甘樹子2大匙，豆瓣醬1大匙，素沙茶1/2大匙，香油1大匙

做法：

1. 素魚入鍋略煎至兩面金黃後，盛於盤中，所有調味料一起拌勻。

2. 碧玉筍、香菇、紅蘿蔔洗淨後切絲，與洗淨的金針菇鋪在素魚上方；倒入拌勻的調味料。

3. 封上保鮮膜入蒸鍋蒸10-15分鐘，起鍋時，放入切絲的紅辣椒和香菜即可。

蘇老師的叮嚀：

1. 利用甘樹子的醬汁，就不需再添加其它調味。為了增加口感的層次性，可依個人喜好加入素沙茶和辣味的豆瓣醬，亦可不加。

2. 若是葷食者，可使用鮮魚替代素魚，其他的食材、調味都一樣，更可加入蒜和薑去除海鮮腥味。

苦瓜素滷肉 ╳

醬醃

材料：

苦瓜1條，素滷肉350g，乾香菇5-7朵，紅辣椒2條，九層塔1大把

調味料：

梅子醬油2大匙，料理酒2大匙，醃梅7顆，糖1大匙，水2大匙，麻油2大匙，薑5-7片

做法：

1. 苦瓜切塊；汆燙後備用，乾香菇洗淨泡軟。九層塔梗和葉面分離後，梗切成一節一節的一起滷。
2. 鍋子放入麻油，爆香薑片和香菇，入苦瓜翻炒後，加入調味料，及其他食材一起煨滷，時而翻攪以上色，起鍋時，再將九層塔放入。

....

蘇老師的叮嚀：

1. 若以古早做法，苦瓜、滷肉(或豬腳肉)會先油炸，再一起煨滷。但以健康導向，儘量少油、少鹽、少糖，所以苦瓜用汆燙、自製的醬油來製作料理，才可品嚐其風味，這是我們的目的。

營養師的話：

1. 此道料理每100g約含熱量80大卡。
2. 苦瓜的營養特色是熱量低，含有豐富的鉀、維生素C與葉酸，且苦瓜屬於寒性食物，可以降火、消腫、去熱、消暑的功效。

醬黃瓜泡菜 × 醬醃

醬醃變化料理

營養師的話：

此道料理每100g約含熱量60大卡。

材料：

醬黃瓜1瓶，紅、白蘿蔔各1/2小條，小黃瓜1小條，紅辣椒2小條

調味料：

白醋1大匙，糖1大匙，梅粉1/2大匙，鹽1大匙，醬黃瓜汁2大匙

做法：

1. 紅、白蘿蔔削皮，與小黃瓜洗淨後，切塊(或切片)，加鹽拌醃，待軟化出水，再倒去苦水。
2. 用開水洗去苦水後，瀝乾水分。
3. 辣椒切成薄片，再與其他食材、調味料一起醃半天即可食用。

蘇老師的叮嚀：

1. 泡菜因為有醋會促進發酵，所以不宜久放，應儘速吃完。少量做、儘快吃完，是最完美也最健康的動作。

CHAPTER 3

 醋醃

市面上醋的種類有哪些？

醋的種類大致分為四種：

醋種	品名	材料	製造過程	製造天數
化學醋	工研醋	冰醋酸	調水25-50倍	1天
酒精醋	A.高粱醋 B.陳年醋	酒精+糖	由酒精或酒粕稀釋水加糖及醋酸菌發酵而成	7-12天
糯米醋	A.糯米香精調製 B.天然釀造	酒精+糖	同上	7-12天

特性：以上三種醋，由於很酸、嗆，所以泡醋時先用大量的糖來壓制嗆味，此法叫「醃製」。

效果：由於醋裡面沒有任何營養成分，所以無法分解蔬果中的成分，加上過多的酒精和醋酸，導致人體中的鈣流失，無法得到健康。

價格：價格便宜，被大眾廣泛使用。

醋種	品名	材料	製造過程	製造天數
天然釀造醋	有機糙米醋	糙米或白米	A.半釀造醋：糙米或白米發酵之後所加水的比例，和添加之醋酸菌可以縮短釀造時間達到商業效益。 價格1斤150-350元	1.5個月-2個月
			B.全程釀造：堅持三個步驟的釀造過程(發酵→靜置→攪拌+空氣中的醋酸菌)。 價格1斤500-550-1200元	8.5個月-9.5個月

特性：酸而不嗆、口感醇厚，富含六大營養成分(胺基酸、維生素、礦物質、有機酸、醋酸菌、酵素)。

效果：由於醋裡所含之有機酸、活菌、酵素，能迅速分解食材之營養成分，此法是為「萃取」。因此泡醋時不宜加糖，等分解到一定程度再加微糖。如此方式可泡製出好的健康醋。

價格：比市售的醋貴，但觀念更正後可逐漸被接受。

★半釀造醋：由於釀造的時間短，所含的營養成分轉換熟成的時間不夠，因此在泡醋時分解的能力自然不夠，口感較差，這是它的缺點。

◎健康醋可分為「釀醋」和「泡醋」兩大項。礙於環境的條件，我們無法順利完成釀醋的心願；選擇上好的基底米醋，便可以隨心所欲泡製任何喜愛的混合醋。

(一)什麼叫做混合醋？

就是上好的基底米醋，結合任何一種水果、蔬菜、根莖類、花草類和穀類的植物，經過一段時間的融合萃取並分解植物本身的營養成分之後，產生了不同的風味和口感，來回報給人們。

(二)飲用天然釀造醋的好處

又稱基底醋，採用純天然釀造的米醋，需經過8個月以上的釀造時間才能起缸。含胺基酸、維生素、礦物質、有機酸、醋酸菌、酵素六大營養成分，能增強免疫力、活化細胞、補充鈣質、迅速消除疲勞，是幫助胃而不傷胃的鹼性食品。

(三)健康醋DIY的好處

1. 掌握原料的品質和來源。
2. 量少種類多，可以選擇自己和家人最喜愛的口味來泡製。
3. 大地所蘊育的任何材料，在泡醋的過程中有著不同的色澤和變化，非常的美麗，令人有期待和感謝的心情。

★4. 在泡醋過程中瞭解到先加糖和完成後再加糖是完全不一樣的結果，這就是健康新概念。

◎黃帝內經對於醋的解釋：「東方生風，風生木，木生酸，酸生肝。肝生筋，筋生心，肝主目」。「肝苦急，急食甘以緩之」，「肝欲散，急食辛以散之，用辛補之，酸瀉之」。

現代人為了健康，前幾年流行喝醋，但因很多人由於不了解如何正確喝醋，把整個腸胃都喝垮了，這是件遺憾的事！在此告訴大家健康醋DIY注意事項：

(一)

1. 準備材料和工具：確定是天然釀造的純米醋，蔬、果、花草、根莖類食材，玻璃瓶。
2. 必備工具：砧板、刀子、削皮刀、一雙筷子。
3. 將雙手洗淨並擦拭乾淨。
4. 泡製混合醋過程中，不管使用任何食材，必須是自然風乾的，以避免腐壞。
5. 將食材切好置入玻璃瓶內1/2或1/3的量，食材的多或少隨自己的口味濃淡而調整。再倒入有機糙米醋，預留1cm的高度，待完成日前5天注入2號原色糖或有機冰糖、蜂蜜或黑糖蜜皆可，使口感滑而不澀，並增加微生物的營養源。如不加冰糖，於飲用時再加入蜂蜜也可以。夏天飲用可加冰塊，是上等飲料。
6. 最後將蓋子封好，確實標上日期即完成。

(二)泡醋時間參考表

1. 花、草葉類10天(為一般女性所喜愛，泡製時間最短。所需的量為600cc瓶子的1/3或1/4量即可)
2. 蔬果類45天
3. 根莖類30天
4. 中藥醋21天
5. 硬殼類60天(如黑豆、南瓜)

(三)米醋醋酸總值參考資料

歐盟標準4.5%-5%之間
一般市售或農產品展售會米醋3.8%以下
有機糙米醋5.3%-6%

(四)小提示

1. 於農會展示場或百貨公司、大賣場所展售的果醋,於泡製過程中,都是糖和水果先放,最後再加基醋,因此糖味勝過醋味,而且糖化水之後亦降低果醋的成本,增加了利潤空間。

2. 應選擇節令性的有機蔬果為釀造的食材,可充分萃取其中的成分。

3. 釀醋和泡醋為什麼會失敗?
   A.食材並未陰乾 B.手潮溼 C.擺放在不適當的環境 D.所選擇的基醋未達酸值標準 E.經常打開瓶口讓雜菌侵入

4. 如何辨別泡醋失敗?
   瓶內發現有綠色和黑色的懸浮物,這是泡醋失敗的現象。白色的粉狀體是好的微生物,請放心。

5. 泡好的醋應擺在哪裡?可以擺多久,或多久喝完它?
   應放在室溫內空氣流通的地方,避免放在冰箱、瓦斯爐旁以及窗戶旁邊。泡好的醋可以永久擺放不會壞掉,一經打開,建議一年內喝完。

6. 泡好的醋經過2-3天後,會有食材經過分解的沉澱物,請經常搖晃瓶子,沉澱物和懸浮物即會消失。

7. 市售的工研醋、酒精醋、高梁醋和糯米醋…等,可否用來泡醋?
   一般市售的工研醋和高梁醋…等,統稱非天然釀造的醋,製造時間非常短,1-2天或7-12天,均採化學用酒精來調製,或經過高溫蒸餾使整瓶視覺為清清如水。它的優點是便宜、可以抗菌之外,並無任何營養成分。

8. 泡過醋的內容物是否可食用?
   任何泡過醋的食材均可食用。比如辣椒醋裡的辣椒可用果汁機打碎調點醬油或香油即成上好的沾醬。黑豆經過二個月的泡醋之後它已熟成,可將黑豆調蜂蜜冰在冰箱裡,取出食用,風味甚佳。

材料：

黑豆100g，杜仲8片，天然釀造醋，600cc乾淨玻璃瓶1個，開水500cc，蜂蜜1.5大匙

做法：

1. 黑豆洗淨後陰乾，加上杜仲放進玻璃瓶，注入天然釀造醋，存放60天後，可飲用。
2. 飲用時倒出50cc的黑豆杜仲醋，加開水、蜂蜜攪拌均勻即可。

· ·

吳老師的叮嚀：

1. 此醋飲專為更年期者補充鈣質而設計，它可預防骨質疏鬆、關節退化、滋養腎臟。
2. 黑豆的好處：熱量為穀類與蔬菜類之冠，不含膽固醇，營養價值高，堪稱「植物肉」。使髮色烏黑、預防骨質疏鬆、關節退化。
3. 杜仲的好處：可改善肝腎不足引起的腰膝酸軟症狀，有補益肝腎、強壯筋骨的作用。

（補血）黑豆杜仲醋 ╳ 醋醃

營養師的話：

1. 此道飲品每100g約含熱量30大卡。
2. 喝醋對身體相當有助益，可以促進身體代謝功能，而且身體吸收鈣質需要酸性環境幫助，喝醋可有助於鈣質吸收。

（減肥）辣椒醋、鳳梨醋、木瓜醋 ╳

醋醃

辣椒醋

材料：
辣椒120g，天然釀造醋，600cc乾淨玻璃瓶1個

做法：
1. 辣椒洗淨後拔去蒂頭，晾乾至無水分。
2. 從辣椒中心點劃一刀，放進瓶子，倒滿醋，存放45天後，即可加水稀釋10-15倍飲用。

· ·

吳老師的叮嚀：
辣椒素能刺激腎上腺素分泌，促進新陳代謝，減少脂肪堆積。

營養師的話：
此道飲品每100g約含熱量25大卡。

鳳梨醋

材料：

鳳梨180-200g，天然釀造醋，600cc乾淨玻璃瓶1個

做法：

1 鳳梨削去外殼，切成三角塊狀後，放進瓶子，倒滿醋，存放45天後，即可加水稀釋10-15倍飲用。

吳老師的叮嚀：

鳳梨中含有酵素，可幫助消化、改善便秘。

營養師的話：

此道飲品每100g約含熱量30大卡。

木瓜醋

材料：

木瓜150-180g，天然釀造醋，600cc乾淨玻璃瓶1個

做法：

1 木瓜洗淨去籽後切塊，放進瓶子後，倒滿醋，存放45天後，即可加水稀釋10-15倍飲用。

吳老師的叮嚀：

木瓜含豐富的維生素、礦物質與酵素，胃寒虛弱者，溫和有效。

營養師的話：

此道飲品每100g約含熱量30大卡。

（抗氧化）番茄醋、葡萄醋、檸檬醋 ✕

醋醃

番茄醋

材料：

番茄180-200g，天然釀造醋，600cc乾淨玻璃瓶1個

做法：

1. 番茄洗淨後拔去蒂頭，晾乾至無水分。
2. 裝進瓶子後倒滿醋，存放45天後，加水稀釋10-15倍飲用。

吳老師的叮嚀：

番茄中的茄紅素、番茄多酚可延緩老化、清熱涼血、活化胰臟功能。

營養師的話：

此道飲品每100g約含熱量25大卡。

葡萄醋

材料：

葡萄120g，天然釀造醋，600cc乾淨玻璃瓶
1個

做法：

1. 葡萄洗淨後拔去蒂頭，晾乾至無水分。
2. 裝進瓶子後倒滿醋，存放45天後，加水稀
   釋10-15倍飲用。

- -

營養師的話：

此道飲品每100g約含熱量35大卡。

檸檬醋

材料：

檸檬180g，天然釀造醋，600cc乾淨玻璃瓶
1個

做法：

1. 檸檬洗淨後晾乾，切除蒂頭後切片，放進
   瓶子，倒滿醋，存放45天後，加水稀釋
   10-15倍飲用。

- -

吳老師的叮嚀：

檸檬醋含粗纖維與礦物質鈣、鎂等成分，可
預防感冒、生津健胃、潤腸通便，促進尿酸
代謝。

營養師的話：

此道飲品每100g約含熱量35大卡。

（攝護腺）南瓜醋 ╳

醋醃

營養師的話：

1. 此道飲品每100g約含熱量30大卡。

材料：

南瓜150g，天然釀造醋，600cc乾淨玻璃瓶1個

做法：

1. 南瓜洗淨後晾乾，對半剖開去籽，切片放進瓶子，倒滿醋，存放60天後，加水稀釋10-15倍飲用。

吳老師的叮嚀：

南瓜果肉含有精氨酸、瓜氨酸、胡蘿蔔素及微量元素，能預防男性攝護腺腫大，防止脫髮。

材料：

牛蒡120g，天然釀造醋，600cc乾淨玻璃瓶1個

做法：

1. 牛蒡洗淨後晾乾，斜切片後，裝進瓶子，倒滿醋，存放45天後，加水稀釋10-15倍飲用。

吳老師的叮嚀：

牛蒡有精氨酸促進性荷爾蒙分泌，高量纖維質可促進新陳代謝，也有改善糖尿病、降低膽固醇之效。

營養師的話：

1. 此道飲品每100g約含熱量25大卡。

（補氣）老松醋 ✕

醋醃

營養師的話：
此道飲品每100g約含熱量25大卡。

材料：
老松3株，天然釀造醋，600cc乾淨玻璃瓶1個

做法：
1. 老松洗淨晾乾後，注入天然釀造醋，3個月後可飲用。

- -

吳老師的叮嚀：
1. 松醋分二種：原釀與泡製。原釀是以松樹枝幹、葉子及果實直接發酵而成；泡製則是上述做法。
2. 可促進血液循環，補充蛋白質、礦物質等。
3. 可做為沾醬使用(稀釋)，減少油膩感。

材料：
土芭樂150-180g，天然釀造醋，600cc乾淨玻璃瓶1個

做法：
1. 芭樂洗淨後晾乾，切片後，含籽一起裝進瓶子，倒滿醋，存放45天後，加水稀釋10-15倍飲用。

- -

吳老師的叮嚀：
1. 芭樂含豐富鐵、鉀、鈣及維生素C，能改善糖尿病、預防高血壓，對心血管疾病患者尤佳。

（糖尿病）土芭樂醋 ╳ 醋醃

營養師的話：
此道飲品每100g約含熱量25大卡。

醋醃

製作重點：

1.選梅(以清明節前六、七分熟的青梅為佳)

2.去籽碎肉(須用大馬力的果汁機)

3.濾汁(濾布袋的洞須緊密為佳)

4.選鍋(選用陶鍋，因金屬鍋易氧化)

5.火候的控制(文火煎熬，效果極佳)

6.耐心攪拌(避免鍋底焦化)

7.保存(置於玻璃瓶內，常溫即可)

材料：

梅子12000g(可做梅精大約500g)，大型陶鍋，木杓1支，果汁機，濾袋

做法：

1.梅子洗淨，無須乾燥。將其逐粒拍碎取籽。

2.梅子果肉放進果汁機打碎，再用濾布去渣取汁。

3.梅汁放入陶鍋中熬煮，煮沸後轉中小火，並將上層的浮渣去除。

4.熬煮到梅汁剩一半的量，須注意攪拌，直到最後梅汁呈黏稠狀即可。熬煮過程大約需要24小時。

· ·

蘇老師的叮嚀：

1.單純用梅子，無任何添加物(如麥芽、糖、中藥材、色素…等)做成的梅精，理應是褐色，不應該是黑色的。

2.梅精之所以能黏稠凝結，是利用高溫熬煮，使梅子的果膠釋出，而非添加任何助凝劑。因此，梅精加溫水很快就會均勻溶解。

3.梅精熬煮的濃度若是足夠的，梅精在常溫下是凝結的，甚至連瓶罐倒置也不會流出來。

※蘇老師強力推薦！此梅精做法純手工製作，不含任何添加物，因此梅精的濃度純正，於教學上造就了很多二度就業者。但因梅子產期短，所以想品嚐真正無添加物的梅精，老師真心誠意推薦！

※欲訂購者，請提前預約，並享有整打優惠。

敬洽李 珩先生 0933-425600

梅子嫩薑

醋醃

營養師的話:

營養師的話:

1. 此道料理每100g約含熱量60大卡。

2. 女性飲用薑茶可以改善手腳冰冷的症狀,或是緩和生理期不適現象,並有助於排汗,且可以降低食物的寒涼性,並且對於生冷食物有去腥功效。此外,還可以可消除漲氣、抒解消化不良症狀。

材料:

嫩薑600g,鹽1大匙,1公升寬口玻璃瓶

調味料:

細白糖1杯,冷開水1.5杯,紫蘇梅1.5杯(量米杯)

做法:

1. 嫩薑洗淨,用1大匙的鹽先醃半天,倒去苦水後,放入冷開水裡泡半天,再撈出瀝乾水分。

2. 將調味料混合後與嫩薑一起放入容器中封蓋,存放15天後即可食用,需冷藏。

· ·

蘇老師的叮嚀:

1. 可在薑上用刀子劃線,讓調味料更快速滲入其中。

材料：

冬瓜600g，柳橙汁1000cc，柳橙皮約1顆量，薄荷葉5片，2公升保鮮盒

調味料：

水果醋100cc(檸檬醋)，白砂糖180g

做法：

1. 冬瓜洗淨後，去皮切大片，入滾水汆燙約1分鐘，撈起後泡在冰水裡。
2. 鍋中放入調味料，小火煮溶後，加入柳橙汁拌勻，試試口感。
3. 將冬瓜移入做法2中醃漬，放入冰箱約一天。
4. 食用時，灑上泡過鹽水的橙皮和薄荷葉、薄荷葉末。

蘇老師的叮嚀：

1. 冬瓜醃漬後會縮小，所以要切大塊一點。夾冬瓜時，冬瓜容易破損，所以動作要輕柔。

香橙醃冬瓜 × 醋醃

營養師的話：

1. 此道醃漬每100g約含熱量70大卡。

2. 冬瓜除含有大量的水分外，其他還含有蛋白質、醣類、維他命B及C、礦物質有鈣、磷、鐵、鉀、鈉等成分，根據中醫學記載，冬瓜氣味甘寒，能利尿、消腫、祛濕、瀉熱⋯等功效。

三色紅棗泡菜 ✕

醋醃

營養師的話：

1. 此道醃漬每100g約含熱量110大卡。

2. 紅棗含有蛋白質、脂肪、醣類、有機酸、維生素A、維生素C、微量鈣及多種氨基酸等豐富的營養成份。且紅棗有緩和藥性的功能，能補氣養血，是很好的營養品。

材料：

紅棗、枸杞各150g，紅、白蘿蔔各300g，小黃瓜300g，紅辣椒2條，1公升寬口玻璃瓶

調味料：

A.鹽70g　B.糖、米酒各200g　C.白醋250g

做法：

1. 紅、白蘿蔔去皮洗淨，切大丁，加入A料醃2小時後取出，瀝乾水分。

2. 紅棗、枸杞加適量的水煮10分鐘後熄火，放涼。

3. 小黃瓜洗淨切段，辣椒切圓片，與所有食材、B、C料放進容器，入冰箱冷藏2天就可食用。

蘇老師的叮嚀：

1. 此道做法偏向韓式泡菜。需注意白蘿蔔是否辛辣、嗆！至於香味及酸辣度則依個人喜好。畢竟，這是醋醃，它不強調香料。

酵素水果醋飲 ╳ 醋醃

營養師的話：
此道飲品每100g約含熱量20大卡。

材料：

酵素50cc(一般市售的液態酵素)，鳳梨醋50cc，開水400cc，
冰塊少許

做法：

1. 將所有材料混合後即可飲用，風味獨特，營養200分。

梅精手捲

醋醃變化料理

醋醃

營養師的話：

1. 此道料理每100g約含熱量35大卡。

2. 苜蓿芽含有多種營養成份，如維生素A、維生素C、維生素B群、鐵質且含有豐富的膳食纖維，又僅含很少的醣類，熱量非常低，所以是一種最佳的高纖低卡食物。

材料：

海苔1大張，高麗菜絲5g，玉米粒1小匙，苜蓿芽1小撮，蘆筍1支，素鬆1匙，黑芝麻1小匙，美乃滋少量，梅精少量

做法：

1. 海苔鋪在桌上，將梅精平刷在海苔邊緣(少量，否則會很酸)，依序鋪上高麗菜絲、苜蓿芽、蘆筍、素鬆、黑芝麻，擠上美乃滋，將海苔捲起來，趁新鮮吃完。

- -

蘇老師的叮嚀：

1. 海苔捲一直以來相當受歡迎，營養豐富，好吃健康。唯一缺點是不能久放，會軟掉、生水，可在製作前將海苔入烤箱微烤一下增加酥度。

材料：

去邊吐司2片，番茄切片，蛋皮(或起司片)1片，紫高麗菜絲，苜蓿芽各1小撮，梅精、果醬各少量

做法：

1. 於二片土司邊緣刷上薄薄的梅精，再抹上果醬。
2. 將一片吐司鋪紫高麗菜絲、苜蓿芽、番茄、蛋皮後，放上另一片吐司對切成三角形，即是高檔護胃之三明治。

∙∙∙

吳老師的叮嚀：

1. 梅精是高濃縮的梅子製品，不宜用量過多，薄薄平刷即可。
2. 紫高麗菜既是採用切絲處理，所以在鋪放時，上層放苜蓿芽，有固定之作用。
3. 起司熱量高，蛋皮膽固醇高，可以替換食用或者不用改其他食材，隨個人喜好。

醋醃變化料理

梅精吐司 ×

醋醃

營養師的話：

1. 此道料理每100g約含熱量230大卡。
2. 番茄裡的茄紅素是一種抗氧化劑，可以預防人體內的細胞受損，同時也可以修補受損的細胞，也可以預防癌症，抑制腫瘤的效果，尤其對男性的攝護腺癌和女性的乳癌有效。

材料：

薄荷7-8片，薑末30g

綜合藻：

海帶芽10g，珊瑚草5g，褐殼藻10g，褐兒藻5g，黑木耳2片，
紅辣椒1條

水果：

小番茄5-7顆，茂谷柑半顆，梨子100g

調味料：

水果醋2大匙（葡萄醋），香油1大匙，香菇素蠔油1大匙，茶油
2大匙，糖2大匙，辣油1小匙

做法：

1. 綜合藻洗淨後，用水泡開，再與薑末、調味料相互拌醃使之入味。
2. 水果切好備用；薄荷葉洗淨備用。
3. 食用時，將做法1及做法2拌勻即可。

- -

蘇老師的叮嚀：

1. 喜歡吃辣的讀者可再加入辣椒圓片。
2. 水果類要食用時再加入，是保持品質的秘訣。

營養師的話：

1. 此道料理每100g約含熱量80大卡。

2. 黑木耳的營養價值十分高，富含蛋白質、膳食纖維、鈣、鐵及多種維生素，且具有滋養強壯、補血治血、滋陰潤燥、養胃通便、益智健腦等功用。

健康粗食涼拌菜 × 醋醃

醋醃變化料理

材料：
萵苣1/4顆，紅蘿蔔1/3條，無油豆皮1張，玉米筍5條，秋葵5
條，黑木耳2片，紅、黃甜椒各1/3條

堅果類：
花生、腰果、南瓜子、芝麻皆80-100g

調味料：
水果醋(牛蒡醋)2大匙，茶油2大匙，糖2大匙，和風醬2大匙，
粗顆粒黑胡椒1小匙，香油1小匙

做法：
1. 海帶芽洗淨後泡水，再撈出瀝乾水分備用。
2. 紅蘿蔔刨片，紅、黃甜椒去籽，切絲，洗淨後二者皆泡冰開水
   保持脆度。
3. 豆皮、玉米筍、秋葵入滾水汆燙後，撈起瀝乾，再與其他食材
   互拌。
4. 調味料調勻成為醬汁，淋在擺盤好的食材上，灑上堅果粒，即
   是美味可口之粗食涼拌菜。

· ·

蘇老師的叮嚀：
1. 此道菜重點要呈現粗獷豐富的感覺，有田園鄉村又兼顧營養的
   概念。選用粗纖維食材是重點。

營養師的話：
1. 此道料理每100g約含熱量450大卡。
2. 堅果類算是油脂類，所以含熱量較高，但堅果類富含鎂離子可降低血壓，也富含維他命Ｂ群，所以適當的食用可幫助體內各種營養素的代謝。

CHAPTER 4

鹽醃

材料：

新鮮鴨蛋10個，粗鹽、水各1杯，紅土1.5杯，米酒半杯，3-4公升寬口陶缸

做法：

將新鮮鴨蛋洗淨並擦乾備用。

紅土與米酒、鹽拌勻，均勻的抹在鴨蛋上，置於容器裡，放在陰涼處。

經過35天，將做好的鹹蛋洗淨，放入水中，大火煮沸後轉小火，煮10分鐘即可食用。

蘇老師的叮嚀：

紅土可於傳統市場跟賣鴨蛋的老闆訂購。

鹹味會隨著時間滲透入鴨蛋，放愈久就愈鹹。所以經過35天後，將紅土洗掉，重現鴨蛋原來的顏色，阻絕鹽度的滲透，就不會有時間愈久愈鹹的問題。

鹹蛋 × 鹽醃

營養師的話：

1. 此道醃漬每100 g約含熱量80大卡。

2. 蛋的營養相當豐富含蛋白質、磷脂、維生素A、維生素B1、維生素B2、鈣、鐵、維生素D等。因膽固醇量高，所以一日一顆即可。

材料：
高麗菜600g，洗米水5杯（量米杯），大石頭1顆，2公升的缸

調味料：
鹽1大匙，高粱酒1/2杯

做法：
高麗菜洗淨後，剝小片狀，放入罐內，加上洗米水、鹽、高粱酒，壓上大石頭後封蓋。(總體積的水量一定要蓋過材料)
浸泡6天後，即可打開蓋子，沖洗後，即可成為入菜的食材。

....

蘇老師的叮嚀：
酸高麗菜、酸白菜與洗米水共同發酵其原理一樣。來自於洗米水菌種裡的糖化作用與空氣中的氧結合產生的酸，建議吃多少做多少，比較健康。免得做太多，太酸了，家人都不捧場!

營養師的話：
1. 此道醃漬每100g約含熱量30大卡。
2. 高麗菜富含維生素A、B2、C、K1、U，其中K1與U是抗潰瘍因子，具有治療胃疾及、緩解胃痛的作用。

台灣酸白菜 × 鹽醃

營養師的話：

1. 此道醃漬每100g約含熱量30大卡。

2. 大白菜含有豐富的鈣、鐵、磷、維生素C、蛋白質等營養成分，而它的粗纖維對於便秘、痔瘡和腸癌的防治，有相當突出的效果。

材料：

山東大白菜3顆，鹽4.5大匙，大石頭1顆，大陶缸1個

做法：

1. 大白菜摘除老葉後洗淨，對半剖開。

2. 陶缸底層鋪白菜(切口需朝下)，均勻的灑上一層鹽，一層白菜的交互疊放。

3. 將水煮開稍微冷卻後，由上往下沖在疊好的白菜上(水需淹過白菜)，壓上乾淨的大石頭後封蓋，置於陰涼處，15天即發酵完畢。

. . . .

蘇老師的叮嚀：

1. 陶缸內不可有油脂，大白菜會爛掉。

2. 發酵期間若有白色泡沫，需加鹽比較不會壞。此現象是正常的，有白色泡沫代表鹽量不夠。

3. 醃好的白菜，貯存方法應放冰箱，每半顆用塑膠袋分袋，以免繼續發酵。

材料：

檸檬3000g，8公升寬口玻璃瓶

調味料：

粗鹽750g，水5000cc

做法：

1. 將水煮開後，待稍微冷卻後，放入粗鹽攪拌均勻，成為飽和鹽水，靜置一天一夜。

2. 檸檬洗淨擦乾，拿去室外吹風、曬曬太陽使表面非常乾燥，隔天再放到容器裡，倒入飽和鹽水後封蓋，寫上日期，一年後使用。

- -

蘇老師的叮嚀：

1. 鹹檸檬是廣東農家戶戶必做的醃漬品，放愈久愈醇!有保護喉嚨之作用。

2. 注意檸檬表面的乾燥性。

3. 注意水是否煮開，請依照數量表正確操作，若加了鹽沒有成為飽和鹽水，也會不成功。也就是鹽充分「溶解」在「開水」當中，叫做飽和鹽水。

營養師的話：

1. 此道醃漬每100g約含熱量30大卡。

2. 檸檬除富含維他命C外，其中檸檬酸能提高鈣的吸收進而預防骨質疏鬆症。

鹹橘子 × 鹽醃

營養師的話：

1. 此道醃漬每100g約含熱量40大卡。

2. 橘子皮中所含的揮發油能促進腸胃蠕動，能促進消化，也可洗淨後曬乾，即是中藥「陳皮」能理氣開胃，促進食慾。

材料：

橘子(茂谷柑)600g，粗鹽600g，2公升寬口玻璃瓶

做法：

1. 新鮮的橘子洗淨後，瀝乾水分，放在太陽底下曬至表皮收水，出現皺紋。(時間約2-3天)

2. 與粗鹽交疊放在寬口的玻璃容器裡，封蓋後寫上日期。起初鹽會和橘子慢慢溶解成橘汁，最後變深褐色，一年後可飲用。(加溫開水)

蘇老師的叮嚀：

此道醃漬亦是廣東偏方，是改善喉嚨不舒服、頭痛、感冒的天然聖品。加溫開水飲用即可。

材料：

香草莢2-3支，海鹽300g，肉桂粉1小匙，500g玻璃罐1個

做法：

香草莢用刀劃開，放入裝滿海鹽的玻璃容器中，灑上肉桂粉，封蓋後寫上日期，30天後可食用。

- -

吳老師的叮嚀：

1. 在料理上可用來烤雞、烤肉、焗烤、烤麵包等。
2. 除了肉桂粉之外，還可以加入黑胡椒粒、花椒粒、八角、茴香或是薄荷(乾品類)等，來增加香氣。

營養師的話：

此道醃漬每100g約含熱量10大卡。

營養師的話：

1. 此道醃漬每100g約含熱量30大卡。

材料：

高麗菜1顆，薑4大匙，鹽1大匙，甕1個

做法：

1. 高麗菜洗淨後，切成碎片，擺在太陽下曬到乾。
2. 曬乾的高麗菜與薑、鹽相互搓揉後，裝入密封罐裡，寫上日期，一個月後可食用。

. . . .

蘇老師的叮嚀：

1. 醃漬物是利用發酵原理做食物的保存，因此食材的處理的步驟一定要注意。譬如從鮮品到乾品到發酵的過程當中，製作的環境、衛生條件、工序以及時間的掌控，關係到醃漬食品的發酵過程是否成功，缺一不可。
2. 高麗菜一定要曬乾，否則容易失敗。

材料：

麻竹筍1支，鹽75g

做法：

麻竹筍剝去外殼後，洗淨切薄片，浸泡清水一天。

翌日倒掉清水後，燒一鍋熱水直接沖在筍片上，再泡一天。

取出筍片，用力擠去水分，加鹽拌勻，裝進罐子，用手緊緊壓住筍片後，封蓋。

擺入冰箱7-10天就可以煮食了。

蘇老師的叮嚀：

筍片水分需脫乾，保存期限才會長。

醃酸筍 × 鹽醃

營養師的話：

1. 此道醃漬每100g約含熱量30大卡。

2. 筍所含的大量粗纖維、膳食纖維，有助於腸胃之蠕動，且可讓人有飽足的感覺，而可幫助控制食量，而達到減肥的目的。

酸豇豆 ×

營養師的話：
1. 此道醃漬每100g約含熱量40大卡。
2. 菜豆含有豐富的膳食纖維、蛋白質及維他命B，可健脾補腎、促進腸胃蠕動。

材料：
菜豆600g，乾辣椒3-5條

調味料：
八角2顆，花椒1/2小匙，米酒1大匙，鹽6小匙，冷開水1000cc

做法：
1. 菜豆洗淨後，晾乾至完全沒有水分。大約3-5天。
2. 乾辣椒和調味料混合均勻後，加上菜豆一同放入容器裡密封並寫上日期。
3. 15天後會發酵變酸，就可以取出泡冷開水(為了脫去鹽分，約泡1天，但必須重複換乾淨的水)，完成後就可以成為入菜的原料了。

蘇老師的叮嚀：
1. 一般市面上製作酸豇豆會使用鹹滷水，是一種非健康成分的原料，老師不建議使用。所以此道做法在鹽度上加強，水請使用煮開過的冷開水，才不會失敗。

材料：

酸豇豆200g，紅辣椒1條，乾香菇3朵，素火腿80g，五香豆干5片，紅蘿蔔50g

調味料：

五香粉1大匙，糖1小匙，鹽1小匙，香菇素蠔油1大匙

做法：

1. 酸豇豆洗淨，切成段狀；香菇泡水後與五香豆干、紅蘿蔔、素火腿一併切絲，紅辣椒切圓片。
2. 炒鍋裡加油，放入香菇爆香後，加豆干、五香粉拌炒，再加其他食材炒至入味，最後放入調味料即可。

蘇老師的叮嚀：

1. 此道料理為典型醃漬菜色，適合早餐搭配稀飯。
2. 口感本來就偏酸的豇豆一定要加糖，來中和口感。

鹽醃變化料理

辣炒酸豇豆 × 鹽醃

營養師的話：

1. 此道料理每100g含熱量約230大卡。

三色蛋烤飯 × 鹽醃

鹽醃變化料理

營養師的話：

1. 此道料理每100g含熱量約400大卡。

材料：

白飯1碗，鹹蛋半顆，皮蛋半顆，蛋1顆，綠花椰5小朵，紅甜椒1/4顆，素肉燥2匙，苦茶油2匙，起司絲適量

調味料：

黑胡椒鹽，辣椒醬皆適量

做法：

1. 飯、素肉燥及苦茶油拌勻後置烤盤內，上方擺上蔬菜和三色蛋，鋪上適量起司絲、黑胡椒鹽，放入烤箱烤至起司微帶焦黃即可。
2. 食用時加上辣椒醬味道更棒!

吳老師的叮嚀：

1. 利用中式食材、西式吃法，將鹹蛋、皮蛋和肉燥融合在起司的料理上，推薦給喜歡嚐新的您。

檸檬素排骨湯 × 鹽醃

營養師的話：

1. 此道料理每100 g含熱量約320大卡。

材料：

鹹檸檬(汁)1顆，香菇3-5朵，杏鮑菇1條，素排骨200g，玉米1
條，水2000cc

調味料：

蔬菜粉1大匙，甘草2片，粗顆粒黑胡椒1小匙

做法：

1. 鹹檸檬(含汁)切薄片，加水2000cc和切段的玉米入鍋煮滾。
2. 再放進香菇、杏鮑菇、素排骨，放入電鍋裡(或蒸籠)蒸熟，起
鍋時再加調味料即可。

蘇老師的叮嚀：

1 這是最快速湯品，也是讓湯頭最清澈漂亮的做法。

材料：

鹹高麗菜150g，紅蘿蔔50g，紅辣椒1條，香菇1朵，菜豆20g，素火腿20g，薑末1小匙，白飯1碗

調味料：

香菇素蠔油1小匙，鹽1小匙，胡椒粉1小匙

做法：

所有食材洗淨，切細丁，起油鍋先放薑末、香菇爆香後，加入其餘食材拌炒。

最後加入白飯攪拌均勻，灑上調味料即可。

蘇老師的叮嚀：

濃濃的古早味，會讓您在食用時更添了一份懷舊感！

營養師的話：

1. 此道料理每100g含熱量約440大卡。

冬菜什錦湯 × 鹽醃

鹽醃變化料理

材料：

冬粉1把，臭豆腐2塊，香菇1朵，紅蘿蔔1/3條，金針5g，木耳2朵，辣椒半條，青江菜2株，香菜1株，水2000cc

調味料：

素沙茶1小匙，麻辣醬1大匙，當歸1片，冬菜1大匙

做法：

1. 臭豆腐塊與麻辣醬、香菇及2000cc的水先一起熬成湯頭
2. 再加入紅蘿蔔、木耳、金針，最後擺入冬粉、冬菜、當歸片、素沙茶及香菜即完成。

CHAPTER 5
糖醃

香草糖 ✕

營養師的話：
1. 此道醃漬每100g約含熱量400大卡。

材料：
香草莢2-3支，白細砂糖300g，肉桂粉1小匙，500g玻璃罐1個

做法：
1. 香草莢用刀劃開，放入裝滿細砂糖的玻璃容器中，灑上肉桂粉，封蓋後寫上日期，30天後可食用。

吳老師的叮嚀：
1. 開封後，即是香味噴鼻的香草糖，可用來泡咖啡、香草茶、蜂蜜茶等。
2. 除了肉桂粉之外，也可改為荳蔻粒、薰衣草或迷迭香等，來增加糖的香氣。

材料：

小番茄(紅、黃色)、奇異果(或檸檬)、蘋果、葡萄、橘子共
1000g，紅冰糖1000g(白砂糖亦可)，水果醋200cc(鳳梨醋)，
3公升寬口玻璃瓶

做法：

1. 將所有水果確實洗淨後擦乾，切片時除去蒂頭，再以一層水
   果、一層細冰糖堆疊在玻璃容器裡。
2. 完成後，倒入水果醋，即可封蓋並寫上日期，2個月後可食
   用。加開水稀釋飲用(1:5)。

．．

吳老師的叮嚀：

1. 任何水果多或少都沒關係，總量加起來是1000g即可。
2. 加水果醋的作用是為了防止糖化過盛，以安定品質，增加口感
   的柔順度。
3. 水果糖漿，顧名思義是多種水果，加上醋含有多種營養成分，
   除了可養顏美容之外，也可幫助腸胃蠕動，新陳代謝。
4. 加上綠、紅茶包，切些水果丁，即是大眾皆喜愛的水果茶，若
   再加些乾燥花朵，即成花果茶。

水果綜合糖漿 ╳ 糖醃

營養師的話：

1. 此道醃漬尚未稀釋前，每100g約含熱量180大卡。

蜜漬有機玫瑰茶葉 ✕

糖醃

營養師的話：

1. 此道醃漬尚未稀釋前，每100g約含熱量350大卡。

材料：

有機茶葉75g，有機玫瑰37.5g，蜂蜜200g，350g玻璃瓶

做法：

1. 準備一個玻璃容器，將有機茶葉、有機玫瑰分層交錯疊放，最後注入純正蜂蜜後封蓋並寫上日期，靜置3個月以上即可飲用，要加開水稀釋(1:8)。

蘇老師的叮嚀：

1. 此道醃漬法點子緣自於四川糖酒會，青藏高原一間高科技產品。只因青康藏高原雖盛產蜂蜜和另一種產品，但運輸費用高，價格相對驚人，但在台灣的我們則可善用其他食材來DIY，不用花大錢也可以很養生。

2. 玫瑰花含有維生素C，可提升睡眠品質、防止肌膚老化、調經解白帶。蜂蜜為鹼性食品，含有礦物質、胺基酸、維生素及醣類，是人工甜味料沒有的營養素。茶葉則是大眾喜愛的保健食品，其中的兒茶素能抗氧化、防癌、降低膽固醇，咖啡因能利尿、提神，預防狹心症；三者加總起來不會影響各別成分，反而營養加倍。

材料：

洛神花600g，紅冰糖900g，水150cc，檸檬1顆，2公升寬口玻璃瓶

做法：

1. 洛神花去籽後，用一桶水加40g的鹽清洗；再放進濾網，用石頭壓半天後陰乾。
2. 再把陰乾的洛神花、紅冰糖、水一起熬成醬汁後放涼，加入檸檬汁裝罐，稍微攪拌後入冰箱冷藏，賞味期一個月。

吳老師的叮嚀：

1. 洛神花容易長毛，可用牙刷輕輕刷洗。
2. 一般新鮮洛神花可於傳統市場購得。

營養師的話：

1. 此道醃漬尚未稀釋前，每100g約含熱量225大卡。

糖醃

營養師的話：
1. 此道醃漬每100g約含熱量25大卡。

材料：

新鮮檸檬3000g，梅粉300g，大保鮮盒1個

做法：

1. 檸檬洗淨後晾乾。
2. 檸檬切半，擠出檸檬汁，勿壓太乾，汁先用玻璃罐裝起來。
3. 將檸檬切成絲狀，放在鋼盆中(勿用塑膠盆)，將梅粉、檸檬汁倒入均勻攪拌並按摩，再用保鮮覆蓋，放入冰箱。
4. 每天取出按摩一次，再放回冰箱。(約14天)
5. 14天後取出曬太陽至乾，需攤開，用網覆蓋免於灰塵。
6. 完全乾之後，可用瓶子分裝或容器裝置即可。

. . . .

蘇老師的叮嚀：

1. 檸檬宜選表皮微黃，其製作過程及製品才會成功好吃。
2. 按摩檸檬的動作非常重要，是為增加檸檬皮的柔軟度。
3. 衛生的曬乾環境也是食品製作的要件之一。
4. 此道作品最大的效果就是生津解渴，治輕微感冒；暈車、暈船口含一片，有止噁的效果。

※資料提供者：豐原農會家政班 錦霞

CHAPTER 6

 酒醃

材料：

鳳梨(去皮及中心較硬的梗)600g，1公升玻璃罐

調味料：

米豆脯40g，糖(紅、白各半)40g，米酒100cc，鹽75g，甘草5
片

做法：

1. 鳳梨去皮去梗後，切成1cm厚度片塊，和糖、鹽、米豆脯拌
   勻，放入玻璃瓶裡。
2. 續放入甘草片、酒，封蓋後，放陰涼處二個月即可。

- -

蘇老師的叮嚀：

1. 鳳梨本身會出水，所以裝罐時只放七分滿預留空間，以免溢
   出。
2. 紅、白砂糖或黑糖會決定成品的顏色，端看個人喜愛糖的種類
   來選擇。

鳳梨醬 × 酒醃

營養師的話：

1. 此道醃漬每100g約含熱量130大卡。
2. 鳳梨富含維生素B1、B2、C、鐵、鈣等，具有生津止渴、助消化、止瀉、利尿等功效。

材料：

半成品豆腐塊，半成品米醬，米酒，糖(紅、白砂糖各半)，鳳梨約150g，900g玻璃罐1個(每罐可裝豆腐10塊)

※若以100塊豆腐塊為基準，需要米醬3斤，米酒5瓶，糖(紅、白各半)2kg，玻璃罐10只

做法：

1. 半成品豆腐塊入滾沸的水汆燙，並再次煮滾後撈起瀝乾，可用電風扇吹乾亦可擺放在網盤上，蓋上網子，日曬數小時後，用網子蓋好備用。

2. 米醬用冷開水清洗一下，放在網盤上曬乾。

3. 米醬、糖及一瓶半米酒攪拌均勻。

4. 罐底先放入一層拌好的米醬，再放入一層豆腐塊，重複依序堆放，有空隙處適當加入切小片的鳳梨，最後在豆腐上層鋪滿鳳梨片，再注入米酒九分滿。

5. 數天後，豆腐塊會吸飽米酒然後膨脹，這時再次加滿米酒，使整罐呈現滿酒的狀態(約9分滿)，即可停止，封罐後三個月可食用。

• •

蘇老師的叮嚀：

1. 半成品豆腐塊、米醬皆可於傳統市場，向豆腐店老闆訂購。

★ 2. 適合添加的水果，以酸性高的水果為佳。如鳳梨、檸檬、金桔、梅子、奇異果等。因酸性高的水果會防止豆腐塊氧化的速度，更會增加豆腐乳的乳化速度及提升風味。

營養師的話：

1. 此道醃漬每100g約含熱量170大卡。

2. 青木瓜為未成熟的木瓜，含有較多可以分解蛋白的木瓜酵素，有助體內蛋白質的消化吸收，可以讓胸部發育所需的營養充足，正值青春發育期的少女使用更有效喔！

材料：

青木瓜600g，糖38g，豆醬150g，米酒1/2瓶，1公升玻璃罐

做法：

1. 青木瓜外皮洗淨晾乾，切半去籽後，再切成大小適中的片狀。

2. 糖與豆醬調合成調味料。

3. 容器裡底層先放一層調味料，再放入青木瓜，依序重複疊放木瓜與調味料，最後倒入米酒，封蓋後15天即完成。

....

蘇老師的叮嚀：

1. 青木瓜屬於軟纖維的蔬果，因醃漬過後會更為軟化，可切大塊一點，避免夾食時易破裂。

材料：

麻竹筍1支，鹽60g，米醬150g，糖30g，米酒1/3瓶，甘草5
片，900g玻璃罐

做法：

1. 選用空心的麻竹筍去殼，切大塊。
2. 將鹽、米醬、糖拌勻後，與麻竹筍一層一層交互疊放裝入罐
   中，加上甘草片，淋上米酒即可封罐，三個月即可食用。

┈┈┈┈┈┈┈┈┈┈┈┈┈┈┈┈┈┈┈┈┈┈┈┈┈┈┈┈

蘇老師的叮嚀：

1. 若要使筍醬更具彈性甘醇，可先用20g的鹽抹在麻竹筍上，用
   石頭壓一晚，使鹽分滲透麻竹筍，翌日取出石頭，再依做法步
   驟裝罐。

營養師的話：

1. 此道醃漬每100g約含熱量170大卡。
2. 竹筍因具有維他命A、B1、B2、C，且竹筍性甘、寒；入胃、大腸經。具有清熱化痰、利水消腫、潤腸通便等功用。

地瓜乳 ✕ 酒醃

材料：

地瓜10塊，米醬180g，糖(紅、白各半)200g，鹽90-100g，米酒1/2瓶，600g玻璃罐

做法：

1. 地瓜洗淨去皮，切成約3cmx3cmx4cm方塊，入蒸籠蒸五分熟後，取出迅速冷卻。

2. 待地瓜表皮完全沒有水分後，整塊沾鹽備用。

3. 米醬加糖，加入100cc左右的米酒攪拌，與地瓜塊交互疊放裝罐，最後將酒淹滿地瓜，沒沾完的鹽封罐前也一併倒入，否則會沒有鹹度。封罐後三個月可食用。

• •

蘇老師的叮嚀：

1. 地瓜有澱粉的成分，因此表皮洗淨後，切塊時就不要再淋水，否則澱粉質會釋放，澱粉釋放後就不易吸進鹽分。所謂醃漬，是利用鹽、糖、酒、醋以及味噌等，來做脫水防腐的醃漬。先了解地瓜的特性，再去做醃漬動作的處理，才是正確的。

2. 另一作法：地瓜在切塊後直接利用曝曬，將地瓜曬乾，再沾鹽，之後的作法程序則如上。所謂「直接曝曬法」是利用陽光將多餘水分脫乾，脫乾後經過蒸煮，使其成分稍微膨脹，此原理是熱漲冷縮。

材料：

冬瓜3000g，鹽120g，豆脯360g，糖2大匙，米酒120cc，6
公升寬口玻璃罐

做法：

1. 冬瓜削去外皮去籽，切成厚厚的圈片，用120g的鹽，均勻抹
   在冬瓜上，醃一個晚上使之軟化。

2. 翌日倒去苦水，將冬瓜一圈圈穿上竹竿曬乾約1-2天後，再切
   成大方塊。

3. 米醬和糖相互拌勻，與冬瓜一層一層交互疊放裝入罐中，倒入
   米酒，即可封蓋，寫上日期，三個月即可開封。

....

蘇老師的叮嚀：

1. 冬瓜醬易生蟲，需在農曆白露之前醃製。

2. 冬瓜醬需切大塊，因冬瓜本身容易縮小。

營養師的話：

1. 此道醃漬每100g約含熱量55大卡。

2. 冬瓜含有較多的維生素B1、B2、C和少量的鈣、磷、鐵等礦物質，其中維生素B1可促使體內的澱粉、糖轉化為熱能，而不變成脂肪囤積。

橄欖酒 × 酒醃

營養師的話：

1. 此道醃漬每100g約含熱量140大卡。

材料：

台灣土橄欖1200g，米酒1200cc，冰糖600g，4公升寬口玻璃罐(或4公升的窄口甕)

做法：

1. 土橄欖洗淨晾乾，和米酒、冰糖一起放入容器裡，靜置存放六個月。

蘇老師的叮嚀：

1. 橄欖的香味雖不如其他水果的自然香味那麼濃郁，但重要的是其營養價值遠高於香味，不論橄欖酒、橄欖蜜餞都是針對橄欖中的「橄欖多酚」，吃起來會有澀澀的口感。橄欖有抗老化、舒適肌膚、生津止渴、降低心血管疾病、活化生理活性之效。適量飲用可保健身體正是土橄欖酒的功效。

材料：

高麗參片300g，枸杞10-15g，米酒400-450cc，玻璃瓶，1公升玻璃瓶

做法：

1. 將材料直接放入罐中，封蓋，六個月後即可飲用，每次飲用7-10cc即可。

· ·

蘇老師的叮嚀：

1. 高麗參也可使用市面上販售的乾燥品，但當然生鮮的根部效果較好。
2. 也可用白洋參一株，不切片直接浸泡於酒中。

營養師的話：

1. 此道酒品每100g約含熱量140大卡。
2. 高麗參含有維他命A、B1、B2、C、無機鹽等，糖、葡萄糖、果糖及麥芽糖等，能補元氣，提神益智，強心健胃。

腐乳辣醬&腐乳臭豆腐 × 酒醃

酒醃變化料理

營養師的話：

1. 此道料理每100g約含熱量40大卡。

材料：

A.豆腐乳3/4塊，香油1大匙，甜辣醬1大匙，辣油1小匙，糖1小匙，薑末1小匙

B.臭豆腐2塊，腐乳醬4大匙，小黃瓜半條，竹籤2支

做法：

1. 所有材料A入缸搗成泥即成腐乳辣醬。(若做大量，可用果汁機打成泥)
2. 臭豆腐用竹籤串好，放在鋪有錫箔紙的盤子上，入烤箱上下火200°C烤至焦香，沾腐乳醬，配上切片的小黃瓜即可享用。

· ·

蘇老師的叮嚀：

1. 一般人吃飯時也許只習慣將豆腐乳搭配稀飯，特此告訴大家豆腐乳也可製成辣醬，也可作為炒飯的醬料，但若要做腐乳炒飯，就不需再加鹽巴了，要不然會太鹹。

吳老師的叮嚀：

2. 若手邊沒有自製腐乳醬，也可用豆瓣醬，芝麻辣醬替代。

材料：

苦瓜半條，牛蒡半條，香菇7朵，素丸子5顆，豆皮適量，水2000cc

調味料：

鳳梨醬1/3罐，醬蔭瓜2塊，甘樹子2大匙

做法：

1. 牛蒡洗淨切片，加水2000cc與調味料一起熬煮至滾後，轉中小火，加入切塊的苦瓜、鳳梨醬、香菇一起燉煮至苦瓜熟軟。
2. 加入素丸子及豆皮，待再次煮滾即可熄火，食用時淋上香油。

‧‧‧‧‧‧‧‧‧‧‧‧‧‧‧‧‧‧‧‧‧‧‧‧‧‧‧‧‧‧‧‧‧‧‧‧‧

蘇老師的叮嚀：

1. 此道料理應注意口感的滑順度，必要時可加入南瓜，很可口又到味。

香椿拌炒三絲 × 酒醃

酒醃變化料理

營養師的話：

1. 此道料理每100g約含熱量160大卡。

材料：

木耳2片，紅蘿蔔60g，小黃瓜1小條，豆干2塊，素肉80g，薑
3-5片

調味料：

A.青木瓜醬1大匙，香椿醬1小匙，糖1小匙
B.辣油1小匙，香油1小匙

做法：

1. 所有食材洗淨切絲備用。

2. 鍋子放油，先放薑片，再依序放入其他食材拌炒，加入A料大
   力翻炒數下，最後放B料即可起鍋。

• •

蘇老師的叮嚀：

1. 此道料理除了用香椿醬，可改為腐乳醬、豆瓣醬、麻辣醬、芝
   麻醬…等，創造不同的風味口感。

材料：

土橄欖酒的橄欖粒數顆，紅酒1/2瓶，糖適量，水果醋適量，梅粉20g

做法：

1. 將泡過酒的橄欖粒取出，和其他材料一起醃漬半天使之入味，冰鎮過後非常好吃。

營養師的話：

1. 此道料理每100g約含熱量80大卡。

靈芝高麗參藥膳 × （酒醃）

酒醃變化料理

營養師的話：

1. 此道湯品每100g約含熱量40大卡。
2. 靈芝富含多醣體、靈芝三帖類、腺嘌呤核甘、有機鍺與小分子蛋白質LZ-8等，可增強免疫力、調整血液循環、降低血清GPT值，保護肝臟。

材料：

綜合菇類200g，素丸3顆，紅棗5顆，枸杞1大匙，靈芝15g，當歸3片，高麗參酒200cc

做法：

1. 先將菇類、素丸、紅棗、枸杞、當歸放入鍋中。
2. 取另一鍋中裝3000cc的水，加入靈芝、高麗參酒熬煮出味，再放入做法1的鍋中，用電鍋或蒸籠蒸約30-40分鐘。

CHAPTER 7
味噌醃漬

味噌醃黃瓜 × 味噌醃漬

材料：

小黃瓜600g，鹽1小匙，大保鮮盒1個

調味料：

味噌300g，米酒1/3杯，砂糖6大匙

做法：

1.小黃瓜洗淨後用鹽先醃過，使之軟化；殺菌去苦水。

2.將調味料放入鍋中，以慢火煮開後放涼。

3.小黃瓜入放涼的調味汁中醃漬，冰箱冷藏後二天後可食用。

....

蘇老師的叮嚀：

1.味噌醃漬是日式開胃冷菜，家家戶戶必備，重點在味噌的選擇，味噌乃是天然發酵的豆類醃漬品，天然養生。種類可分黃豆、黑豆和近期流行的紅麴味噌，它都離不開穀物發酵，均衡的飲食攝取，就能全方位吸收營養。

營養師的話：

1.此道醃漬每100g約含熱量80大卡。

2.味噌含鐵、磷、鈣、鉀、蛋白質、維他命E，能預防便秘、腹瀉，且大豆中含有類黃酮素與女性荷爾蒙相似的天然物質，對於女性來説，可以當作一個很好的荷爾蒙替代品；對於素食者來説也是很好的蛋白質來源哦！

味噌醃牛蒡

味噌醃漬

營養師的話：

1. 此道醃漬每100g約含熱量80大卡。

材料：

牛蒡600g，鹽1小匙，大保鮮盒1個

調味料：

味噌350g，紅棗10顆，糖6大匙，米酒1/3杯

做法：

1. 牛蒡刨皮後切段狀，浸泡鹽水以防氧化。約20分鐘後取出，放入滾水煮約3分鐘，撈起冷卻。
2. 將調味料放入鍋中以慢火煮開後，冷卻，將牛蒡泡在汁液中，入冰箱冷藏，三天後入味，食用時切片即可。

蘇老師的叮嚀：

1. 牛蒡是高纖的農作物，也是菊糖成分豐富的養生植物，多吃有益。

材料：

南瓜600g，大保鮮盒1個

調味料：

A.味噌300g，枸杞3大匙，糖6大匙，米酒1/3杯

B.薄荷5片

做法：

1. 南瓜洗淨切開去籽，切成長條大塊型，用滾水來回澆淋數次即可，放涼備用。
2. 將A料放入鍋中，以慢火煮開後冷卻。
3. 將南瓜泡在汁液中1-2天入味，即可食用。食用時切片，灑上薄荷葉，口感更清爽!

· ·

蘇老師的叮嚀：

1. 南瓜為易軟化的澱粉質瓜果類，所以只要用滾燙的熱水淋過就可以了。
2. 醃漬的時間不宜過長，否則食物過於入味會太鹹，味噌是發酵物，它會持續發酵，應注意。

味噌醃南瓜 ✕

味噌醃漬

營養師的話：

1. 此道醃漬每100g含熱量約120大卡。

味噌醃漬變化料理

味噌醃漬涼拌蔬菜 × 味噌醃漬

營養師的話：

1. 此道料理每100g約含熱量90大卡。

材料：

青花椰8朵，紅、黃甜椒各1/4顆，荸薺5顆，玉米筍5條，秋葵5條，鹽2小匙

調味料：

A.味噌400g，砂糖5匙，米酒3/4杯
B.苦茶油

做法：

1. 所有材料洗淨，用熱水汆燙後泡在冷水中，加鹽使之軟化後，撈起備用。
2. 調味料放入鍋中用慢火煮開後冷卻，再將所有食材放入調味汁裡，浸泡一晚即可。
3. 食用時拌淋苦茶油，喜歡吃辣的可灑些許紅辣椒片。

....

蘇老師的叮嚀：

1. 味噌的醃漬蔬菜，用法很廣。不要被日式的傳統食材受限，你就可以發揮無限創意。比如用台灣本土蔬菜來做變化，舉凡菜心、甜薯、茄子、馬鈴薯、蘆筍…等，經稍微汆燙，就可與味噌一起醃漬，享受美味佳餚。

材料：

手工豆腐1塊，香菇(切絲)2朵，素丸子3顆，魔芋150g，海帶芽
5g，芹菜2株，紅蘿蔔(切絲)50g，豆皮(切絲)2片，水2000cc

調味料：

A.味噌5大匙，糖2大匙
B.鹽1小匙，黑胡椒粉1小匙，香油1小匙

做法：

1.鍋中放入2000cc的水、豆腐、香菇及A料一起煮滾，再放入素
　丸子、魔芋、紅蘿蔔絲、豆皮絲。

2.待煮滾後，加入海帶芽和B料，讓湯再次煮滾後即可關火，最後
　灑上切碎的芹菜即可上桌。

· ·

蘇老師的叮嚀：

1.日式味噌湯，增加台式的變化是在於食材。您喜歡的食材儘可
　能地放進，只要顏色調配的好，沒什麼不可以的，放心去做您
　喜歡的料理吧！

味噌豆腐魔芋湯 ╳ 味噌醃漬

營養師的話：

1. 此道湯品每100g約含熱量350大卡。

CHAPTER 8

現代創意醃漬 (香草醃漬)

材料：

雞蛋9顆，水780cc，鹽60g，香草包(月桂葉5片，桂枝5g，花椒5g，桂皮10g，小茴香15g)，1公升玻璃罐

做法：

1. 雞蛋沾水輕輕擦拭，再排入空罐子裡。
2. 水加鹽一起燒開，加入香草包煮沸約2-3分鐘後熄火。
3. 待冷卻後倒入罐子，香草湯汁一定要蓋過雞蛋。
4. 寫上日期，放入冰箱，冷藏三個星期後即可食用。

吳老師的叮嚀：

1. 香草湯汁不要倒掉，可重複使用1-2次，以二個月為限。容器應以玻璃瓶罐為主。

香草鹹蛋 × 香草醃漬

營養師的話：

1. 此道醃漬每一顆蛋約含熱量75大卡。

香草醬油 × 香草醃漬

營養師的話：

1. 此道醃漬每100g約含熱量10大卡。

材料：

薄鹽醬油450cc，迷迭香3株，甘草3-5片，冰糖2大匙，600cc
玻璃瓶1個

做法：

1. 迷迭香洗淨後晾乾，稍微讓太陽曬一下，再用剪刀剪成一段一段。
2. 所有材料放入玻璃瓶裡，封蓋寫上日期，二個月後，一瓶香草醬油自然蘊育而成。

• •

吳老師的叮嚀：

1. 所謂的香草，不一定限於迷迭香，也可以用鼠尾草、檸檬葉、薄荷、百里香、羅勒(九層塔)。台灣本土的香草有刺蔥葉、香椿葉、馬告葉、香蘭葉以及左手香等。佐以些微的辛香料，如辣椒粉、花椒粒、黑胡椒粒、八角、肉桂，那就太完美了。

香草醋 ✕ 香草醃漬

營養師的話：

1. 此道醃漬每100g約含熱量180大卡。

材料：

新鮮迷迭香2-3株，天然釀造醋450cc，冰糖3大匙，600cc玻璃瓶1個

做法：

1.新鮮迷迭香洗淨後晾乾，與天然釀造醋倒入玻璃瓶。

2.一星期後加冰糖，香草醋靜置約10天即可加水稀釋飲用。

- -

吳老師的叮嚀：

1.迷迭香是常見的盆栽植物，可安定情緒，對於偏頭痛、舒緩痛風、風濕痛、支氣管炎有其效果。但迷迭香屬高度香氣之植物，不適高血壓、癲癇患者和嬰幼兒，加上有通經之效，懷孕婦女也避免使用。

香草酒 ✕

香草醃漬

營養師的話：
1. 此道醃漬每100g約含熱量260大卡。

材料：

迷迭香1株，比薩草15g，檸檬葉，蒸餾酒550g，冰糖200g，
600g玻璃瓶1個

做法：

1. 檸檬葉洗淨後晾乾，與其他材料入容器裡，封蓋後寫上日期，
　三個月後可以飲用。

吳老師的叮嚀：

1. 睡前飲用，加上檸檬汁或開水或碳酸水稀釋(1:5)。
2. 可做料理用或調味品。比如製成涼麵醬、沾肉醬、海鮮醬或是
　烤肉醬。也可用於法式料理，相當高級。
3. 維他命含量豐富，促進新陳代謝、健胃整腸，有鎮靜之效。

香草油 × 香草醃漬

材料：

薄荷、茴香、奧勒岡、迷迭香、黑胡椒粒皆60g，橄欖油350g，600g玻璃瓶1個

做法：

1. 將薄荷、迷迭香洗淨後，晾乾至完全乾燥後，切碎。
2. 再與其他材料一起入烤箱微烤過，增加香度。
3. 放入玻璃瓶，倒入橄欖油後封蓋，寫上日期，21天後即可使用。

• •

吳老師的叮嚀：

1. 油品選擇可以多樣性，如葡萄籽油、葵花油、棕櫚油等也都適用，但一定要是品質及等級較好的油品。
2. 可用於拌飯、拌麵、涼拌菜使用，增加香氣和異國風情。

營養師的話：

1. 此道醃漬每100g約含熱量780大卡。
2. 薄荷能提神解鬱、消除疲勞、鎮定安神、幫助睡眠。茴香的主要成分是茴香油，能刺激胃腸神經血管，促進消化液分泌，所以有健胃、行氣的功效。

香草奶油

× 香草醃漬

營養師的話：
1. 此道醃漬每100g約含熱量900大卡。

材料：

安佳奶油150g，檸檬葉絲2片，檸檬汁2小匙，保鮮膜1張，錫箔紙1張，紅辣椒粉、粗顆粒黑胡椒粉、羅勒、茴香皆2小匙

做法：

1. 檸檬葉洗淨晾乾後，切絲。
2. 奶油軟化後放入乾淨盆子裡，與所有材料攪拌均勻。
3. 保鮮膜攤平在桌上，用飯匙將奶油抹在上面，捲成香腸狀，包上一層錫箔紙，入冰箱冷藏，隨時可食用。

• •

吳老師的叮嚀：

1. 做好的奶油捲用錫箔紙包起來，為的是塑形和存放。

材料：

香菇5朵，玉米1條，素肉2塊，迷迭香2株，花椒1大匙，塑膠袋1張，錫箔紙1張

調味料：

料理酒1.5大匙，黑胡椒1小匙，醬油膏1大匙，荳蔻粉1小匙，鹽1小匙，糖1小匙

做法：

1. 將食材洗淨，與調味料混合後，放在塑膠袋內醃漬半天。(約5小時)
2. 取出後放在錫箔紙內，包好放入烤箱，上/下火160℃烤15分鐘，即可端出，淋上檸檬汁。

- -

蘇老師的叮嚀：

1. 素肉的選材，最常見的就是素火腿，其次是豆渣與香菇頭製成的素肉塊(或用魔芋做成的類似的素肉)。其中以素火腿和豆渣醃漬的滲透力最強。因此，想製作美味的香草素肉，老師建議以素火腿和豆渣製品來做首選。

香草素肉 × 香草醃漬

營養師的話：

1. 此道醃漬每100g約含熱量220大卡。

營養師的話：

1. 此道醃漬每100g約含熱量60大卡。

2. 義大利人喜歡在料理中使用迷迭香的葉子，尤其是豬肉、羊肉及甲殼類的食物。迷迭香有殺菌、抗氧化的功用，可用來保存食物。

材料：

海鹽2大匙，梅粉2大匙

水果類：

蘋果1顆，梨子1顆，葡萄7-8顆，小番茄6顆，茂谷柑1顆，黃金奇異果1顆

香草類：

薄荷5株，迷迭香5株，檸檬葉10片

做法：

1. 準備一桶水，放進一半的香草葉及海鹽1大匙，以及清洗過後的所有水果(蒂頭不要拔掉)，一併放入浸泡。

2. 經過3小時後，撈起瀝乾，切片擺盤。

3. 另一半的香草葉切碎，與梅粉混合，加上1大匙海鹽拌合後，均勻的灑在水果上。

蘇老師的叮嚀：

1. 這是一道完全顛覆傳統和口感的水果切盤做法。由乾淨的水(開水、礦泉水或逆滲透水)來清洗，和香草來泡漬開始到沾淋，都取自香草，希望能讓您有不同的感受。

香草蔬菜 × 香草醃漬

營養師的話：

1. 此道醃漬每100g約含熱量50大卡。

2. 芝麻並含有豐富的維生素B群、E與鎂、鉀、鋅及多種微量礦物質。本草綱目中記載著「久服芝麻可以明眼、身輕、不老」。

材料：

海鹽2小匙，千島醬1大匙，芥茉醬1小匙，檸檬汁1/2小匙

蔬果類：

萵苣3片，紫高麗2片，秋葵5條，玉米1條，梨子1顆，紅蘿蔔半條，小黃瓜2條，蘆筍5條，甜薯100g

香草類：

薄荷10片，迷迭香5株，檸檬葉10片

堅果類：

油炸花生2大匙，腰果2大匙，黑、白芝麻1大匙，葡萄乾1大匙

做法：

1. 秋葵、玉米、蘆筍用1小匙的海鹽洗淨後汆燙，泡在香草類(1/3的量)的冷開水冰鎮，備用。

2. 萵苣、紫高麗菜、紅蘿蔔、小黃瓜用1小匙的海鹽洗淨後切片，泡在草香類(1/3的量)冷開水冰鎮，備用。

3. 梨子、甜薯去皮後切片，備用。

4. 將做法1、2之材料瀝乾，交叉疊放於盤中，鋪上做法3，灑上堅果類。

5. 切碎剩餘1/3的香草材料，與千島醬、芥茉醬拌勻後，淋於蔬菜上方，即可食用。健康好吃又美味！

CHAPTER 9
大陸醃漬

材料：

白蘿蔔600g，鹽1大匙，小辣椒3
條，大保鮮盒(約800g)

調味料：

香油1/2杯，糖5大匙，辣椒醬2大匙

做法：

1. 白蘿蔔洗淨(不削皮)，切成細條狀，加1大匙的鹽醃漬，用石
   頭壓一個晚上，隔天取出，去苦水。
2. 小辣椒切細末，與調味料一起拌勻，加入蘿蔔相互拌勻，醃
   三個晚上即可食用。

● ●

閩北辣蘿蔔 ✕ 大陸醃漬

營養師的話：

1. 此道醃漬每100g約含熱量45大卡。

廣式元寶醬蘿蔔

大陸
醃漬

營養師的話：

1. 此道醃漬每100g約含熱量55大卡。

材料：

白蘿蔔6000g，鹽300g，糖600g，酒1碗，白醋1碗，醬油1
碗，辣椒醬1/4杯，8公升寬口玻璃罐

做法：

1. 白蘿蔔洗淨(不削皮)，切成條狀，和鹽一起醃24小時後脫水。
2. 將其他材料放入鍋煮溶後，待冷卻，加入白蘿蔔一起醃24小
   時即可食用。
3. 食用時，淋上香油風味更好。

材料：

紅、白蘿蔔各300g，西洋芹450g，紅辣椒60g，2公升保鮮盒

調味料：

鹽60g，糖400g，白醋500g

做法：

1. 紅、白蘿蔔去皮切片，西洋芹洗淨後，撕去老皮切片。
2. 紅、白蘿蔔先與30g的鹽預醃3小時後備用。
3. 西洋芹片與剩下鹽拌勻醃漬15分鐘，再放入紅、白蘿蔔拌勻
4. 最後加進已洗淨的紅辣椒、糖、白醋一起拌勻。
5. 放入冰箱冷藏，醃漬一天後即可食用，食用時淋上香油。

● ●

蘇老師的叮嚀：

1. 大陸的許多醃漬菜或泡菜手法、口感仍停留在比較單純的製程上，相較台灣，我們的方法是精采太多。不過大陸食材豐富，很有創造空間！

廣東三色泡菜 × 大陸醃漬

營養師的話：

1. 此道醃漬每100g約含熱量135大卡。

營養師的話：

1.此道醃漬每100g約含熱量35大卡。

材料：

山東大白菜3大顆，洗米水450cc，花椒水300cc，高梁酒300cc，大石頭1顆，鹽6大匙，大陶缸1個

做法：

1.大白菜摘除老葉後洗淨，對半剖開，放入罐中。

2.加入洗米水、花椒水、高梁酒、鹽，壓上大石頭後封蓋，15天即發酵完畢。

• •

蘇老師的叮嚀：

1.東北酸白菜跟台灣酸白菜不同的作法是洗米水、花椒水和高梁酒，頂多加幾條新鮮辣椒，因為大陸人嗜辣。其餘做法大同小異。

2.酸白菜起初的做法，是單方口感，也就是沒有任何的味道。後現代人為了追求不同口感，所以增加了花椒粒及酒品上的選擇。當然您可以增加其他辛香料。

3.洗米水因為是澱粉質，所以在發酵的速度上會產生糖化的作用，與空氣結合容易變酸，促進發酵。

4.用陶缸醃漬，除了溫度控制之外，加上空氣對流的比例，會完整的呈現出美味的東北酸白菜成品。

江蘇無錫油醃翠竹

大陸
醃漬

營養師的話：

1. 此道醃漬每100g約含熱量25大卡。

材料：

翠竹茶葉5g，無籽紅棗3顆，300g玻璃瓶1個

調味料：

橄欖油50cc，粗顆粒黑胡椒1小匙，海鹽1小匙，辣椒醬適量

做法：

1. 翠竹茶葉加無籽紅棗用熱開水沖開，第一泡迅速倒掉，瀝乾水分。

2. 拌入所有調味料，醃漬約2小時，使茶葉與橄欖油融合入味，可直接食用。

蘇老師的叮嚀：

1. 也可加入其他香草調味，如：玫瑰花、桂花、茉莉花、薄荷葉等（新鮮的）。

2. 翠竹茶葉為無錫斗山半山區盛產之茶葉，手摘半發酵茶，口感清新、特別，適合入菜醃漬後，馬上食用。唯注意：製作時苦澀味道的處理，需以第一泡熱開水迅速沖掉苦澀味，瀝乾水分再進行醃漬。

3. 翠竹可解油膩、清腸胃、幫助消化、美容養顏，是天然養生保健康食品。

4. 台灣可以有機的綠茶或烏龍茶替代。

材料：

翠竹茶葉3g，乾檸檬片1-2片，玫瑰花5-7朵，山楂5-7顆，黑棗3顆

做法：

1. 所有材料放進壺中，用熱開水沖開即可飲用。

・・

蘇老師的叮嚀：

1. 有宿便困擾者，可試試此款翠竹茶配方。

翠竹減肥茶品 ╳ 大陸醃漬

營養師的話：

1. 此道茶品每100g約含熱量25大卡。

四川麻香辣椒醬 × 大陸醃漬

營養師的話：

1. 此道醃漬每100g約含熱量70大卡。

材料：

乾辣椒5條，花椒3g，醬油1大匙，芝麻油1.5大匙，豆脯1大匙，辛香料(草果、荳蔻、八角)2大匙，鹽1小匙，香麻油1大匙，1公升寬口玻璃瓶

做法：

1. 乾辣椒、花椒及豆脯、辛香料先入果汁機打勻。
2. 加入醬油、芝麻油、鹽及香麻油，細火慢燉，熬煮至濃稠，即是道地的四川麻香辣椒醬。

蘇老師的叮嚀：

1. 四川人喜辣，加上地理環境險峻，素有山城之稱。生長的植物品種非常之多，尤其是特殊的辛香料。過去的四川人製作醃漬品以麻辣為主，都以木桶為主要容器；因木桶容易龜裂，現也改以玻璃製作各式各樣的麻辣製品。光是四川的產物就是一門學問，大家一起共同來學習吧！

材料：

嫩薑600g，黃砂糖300g，黑糖1/2杯，紅麥芽3大匙，水1/2杯，大保鮮盒1個

做法：

1. 嫩薑洗淨後，斜切，放入鍋中。
2. 加入紅砂糖、水後，以慢火將其煮溶。
3. 放入紅麥芽，邊煮邊攪拌免於焦化。待煮至黏稠狀即可熄火，裝罐。

• •

蘇老師的叮嚀：

1. 嫩薑有多種用途，不只料理，也可當做蜜餞。烹調時轉到最小的火候，熬煮約40分鐘。當糖汁都收到乾涸，即可關火。
2. 熬煮時，可加1顆檸檬汁的量，不僅增加口感亦可達到不沾鍋的現象。

廣西蜜薑 ╳ 大陸醃漬

營養師的話：

1. 此道醃漬每100g約含熱量45大卡。

醃條瓜（江蘇）

大陸醃漬

營養師的話：

1. 此道醃漬每100g約含熱量40大卡。

材料：

小型小黃瓜3000g，鹽2大匙，5公升寬口玻璃罐

調味料：

醬油1.5杯，米酒1杯，糖1.5杯，白醋半杯(量米杯)

做法：

1. 小黃瓜洗淨，與鹽拌合醃漬，再瀝乾水分以備用。
2. 調味料煮開後冷卻，將小黃瓜放入醃漬，約二天入味可食用。

• •

蘇老師的叮嚀：

1. 江蘇口味偏甜，但不失鹹味。因此每道菜色均是鹹鹹甜甜的。台灣的醃漬菜起源來自於大陸，只是台灣人善於創造，想像力豐富。

2. 江蘇的醬菜，在於材料的不同。所謂材料不同關係到調味料的不同，大陸的調味料譬如：醬油，大部分都以鹽調製而成，口感和色澤上是又黑又鹹；糖呢，大多都是再製精糖。想吃到健康的原味冰糖，比較難以掌握。雖然大陸的農作物相當豐富及特殊，但若沒有優質的調味料，做出的醃漬品，可能難以呈現更好的結果，這是應該努力的方向。

3. 台灣的醬菜和料理，延習著中華食的文化傳統，加以發光大！各界料理高手對於創意料理有著不同的心得及成品，令人讚歎！尤其是口感的變化和食材的運用，以及調味料的搭配，一直不斷地創新。此時此刻，這是兩岸交流最好的時機。

醃蕪菁（醃榨菜） ✕

大陸醃漬

營養師的話：
1. 此道醃漬每100g約含熱量35大卡。

材料：
蕪菁(大頭菜)600g，鹽60g，辣椒粉1大匙，2公升的甕

做法：
1. 將蕪菁外層老葉剝去。
2. 取一乾淨的甕，先鋪一層鹽，再一層蕪菁、辣椒粉和鹽，層層
   交疊後，再壓上大石頭。約20天後即可打開。

• •

蘇老師的叮嚀：
1. 在台灣我們稱為榨菜，也就是大頭菜，在大陸則稱為「蕪
   菁」。

材料：

麻竹筍2支，鹽150g，1公升寬口玻璃罐

做法：

1. 麻竹筍在未剝殼前，先入煙燻爐灶烤出香味，再剝去外殼切長條狀。
2. 鍋子裝好水，放入筍條，煮到水滾後，熄火，連煮的水燜一天。
3. 翌日，撈出筍條，放在寬口容器裡，壓上大石頭，每天須倒出釋出來的水，反覆的動作做連續3天。
4. 第4天拿出筍條，和鹽拌合均勻，在太陽底下曬至八分乾，放進玻璃瓶內，即完成此道筍乾的醃漬。

• •

蘇老師的叮嚀：

1. 筍子富含粗纖維，也是老少咸宜的醃漬菜。四川的做法就是多了一道煙燻的程序，推薦給大家！
2. 家中若沒有煙燻爐灶，可用炒鍋上墊一層錫箔紙，紙上放紅茶葉3大匙、米2大匙、紅糖2大匙，跨上鐵網後放麻竹筍，蓋鍋蓋，用中火煙燻，約20分鐘關火，燜10分鐘，即可取出。

四川煙燻筍 ╳ 大陸醃漬

營養師的話：

1. 此道醃漬每100g約含熱量30大卡。

四季醃漬大賞

作　　　者	蘇鼎雅・吳宜桓
發 行 人	程安琪
總 策 劃	程顯灝
總 編 輯	潘秉新
企劃編輯	吳小諾
攝　　　影	蕭維剛
美術設計	桃子
封面設計	洪瑞伯
出 版 者	旗林文化出版社有限公司
總 代 理	三友圖書有限公司
地　　　址	106台北市安和路2段213號4樓
電　　　話	（02）2377-4155
傳　　　真	（02）2377-4355
E - m a i l	sanyau@sanyau.com.tw
郵政劃撥	05844889 三友圖書有限公司
總 經 銷	吳氏圖書股份有限公司
地　　　址	新北市中和區中正路788-1號5樓
電　　　話	（02）3234-0036
傳　　　真	（02）3234-0037

http://www.ju-zi.com.tw
橘子&旗林 網路書店

國家圖書館出版預行編目資料

四季醃漬大賞 / 蘇鼎雅, 吳宜桓作. -- 初版. -- 臺北
市：旗林文化, 2011.11
　　面；　　公分
ISBN 978-986-6293-60-3(平裝)

1.食譜 2.食物酸漬 3.食物鹽漬

427.75　　　　　　　　　　　　　　　100021269

初　　　版	2011年11月
定　　　價	新臺幣380元
I S B N	(平裝)978-986-6293-60-3 (平裝)